POR UMA NOVA POLÍTICA

POR UMA NOVA POLÍTICA

✶ ✶ ✶

Uma campanha na SBPC

Renato Janine Ribeiro

Ateliê Editorial

Copyright © 2003 Renato Janine Ribeiro

Direitos reservados a
ATELIÊ EDITORIAL
Rua Manoel Pereira Leite 15
06709-280 – Granja Viana – Cotia – SP
Telefone: 11 4612 9666
atelie_editorial@uol.com.br
www.atelie.com.br

Printed in Brazil 2003
Foi feito depósito legal

Para meus eleitores na SBPC
e para todos os que possam se empenhar
numa nova forma de fazer política

Sumário

Prefácio A NOVA POLÍTICA 11

1. ANTES DA CAMPANHA 23

2. COMEÇA A CAMPANHA: O MANIFESTO 33

3. COMEÇA A CAMPANHA: O SITE 47

4. A CAMPANHA EM ANDAMENTO 53

5. A MÍDIA ALTERNATIVA 71

6. A ÁGORA QUE TIVEMOS 85

7. A PRIMEIRA POLÊMICA 101

8. O DEBATE NA FOLHA 120

9. A CAMPANHA CONTINUA 137

10. ENCONTRO COM O PRESIDENTE LULA 153

11. AS MENSAGENS NO AR 171

12. PENSANDO A NOVA POLÍTICA 1 179

13. A APURAÇÃO NÃO É O FINAL 191

14. PENSANDO A NOVA POLÍTICA 2 195

PREFÁCIO

A Nova Política

Estamos diante de uma mudança radical, a meu ver, na forma de pensar e sobretudo de fazer política. A campanha que fiz pela Presidência da Sociedade Brasileira para o Progresso da Ciência, entre fevereiro e junho de 2003, é uma experiência neste sentido. Este livro contém quase todos os textos que publiquei neste período, pela Internet, bem como os de meus companheiros de programa, mas acrescidos de uma reflexão sobre o que eu sugiro chamar *a nova política*.

Direi, páginas adiante, que a campanha que fizemos já era um modo de gestão; que não separava a disputa pelo poder e o exercício deste mesmo poder (ou autoridade, veremos depois). Aqui, quero dizer mais: que a disputa e o exercício do poder são uma forma de *experiência*, de *pesquisa*. Numa Sociedade cuja razão de ser é a defesa da pesquisa científica, foi esta a primeira vez em que a direção foi disputada de um modo que se prestava, ele próprio, à pesquisa – de um modo experimental, de um modo refletido teoricamente a cada momento. É isto o que proponho, recém-saído do forno, aos leitores: que hoje estamos obrigados a fazer uma nova forma de ação política. Melhor dizendo, esta não é uma obrigação, não é algo pesado; é uma *oportunidade* preciosa que temos diante de nós.

O que será esta nova política? Caracterizo-a por alguns traços básicos:

1) do ponto de vista dos *meios utilizados*, são os mais avançados. A informática e, sobretudo, a Internet constituem seus instrumentos por excelência. *Mas não se trata de meras técnicas, de simples meios a serviço de fins que continuariam sendo os mesmos do passado;*

2) e isso porque a articulação das pessoas entre si, a formação de seus elos sociais, *não* está mais determinada por meios do passado, que se concentravam em torno de uma idéia-chave, a de *interesse*, geralmente *econômico*. Este continua tendo seu peso, *mas que diminui cada vez mais*;

3) assim, vão perdendo sua importância *relativa* – embora continuem existindo – as instituições pesadas, permanentes, sólidas, como partidos, sindicatos, associações de defesa de interesses precisos, lobbies;

4) e vão crescendo, e aumentando seu peso *relativo* na cena política, *ainda que sem eliminar as instituições pesadas e sólidas*, outros elos sociais, mais leves, até mesmo mais fracos, mais montados em algo ambíguo, que ainda não sabemos em que medida chamar de *ideal*, em que medida chamar de *desejo*;

5) tudo isso se ligando a uma alteração significativa nas *identidades*. Até um tempo atrás, cada pessoa se situava na sociedade a partir de uma identidade principal claramente determinada. Podia ser sua profissão, no caso de um homem, a condição de dona de casa, no caso da mulher, a religião ou opção política, em certas situações – mas sempre havia *um foco central* a identificar cada um. Hoje, não há mais.

Desenvolveremos, neste prefácio, o que é esta *nova política* e de que modo ela contrasta com suas antecessoras, a política antiga e a moderna.

2

A política que chamamos dos antigos é essencialmente a de Atenas e Roma. Na verdade, ela beneficiava, no apogeu da forma democrática em Atenas e da republicana em Roma, poucas dezenas de milhares de pessoas. Em contraste, a China da mesma época reunia muitos milhões de indivíduos, em torno de uma concepção do poder completamente diferente. Pode então soar arbitrário que estudemos no pormenor uma minoritária política ocidental, e ignoremos por completo uma majoritária política oriental. Pode bem ser que, no futuro, se dê maior destaque à idéia chinesa do governante como jardineiro, aquele que assegura o equilíbrio social e cósmico, do que à sua concepção ocidental como pastor, que tange e mata, e modernamente como soberano, como quem faz e inova. Mas, se isso pode um dia vier a ocorrer, ainda não é o caso. Porque certamente a mais forte das idéias políticas, em nosso tempo, é a de democracia. E ela é ocidental ou, para sermos exatos, grega. De Roma, tiramos também uma idéia forte, que é a de república, ou seja, a convicção de que o poder deve estar voltado para a *res publica*, a coisa pública, o bem comum. Desenvolvi estas duas idéias em outros lugares[1], e por isso não as pormenorizo aqui.

O essencial é que costumamos entender a política antiga a partir das *virtudes*. Seja em Atenas, seja em Roma, supõe-se que o governante e os cidadãos coloquem, à frente de tudo o mais, o bem comum, a pátria. Isso distingue a "boa política" antiga, a dessas duas cidades exemplares, das outras, em especial da francamente má, que é a dos tiranos. Aliás, ao falar numa *boa política* estou realizando uma leitura retrospectiva, de quem – com os olhos de hoje – considera aí residirem as melhores contribuições dos gregos e romanos para a política moderna. Mas esta atitude é inevitável.

Uma forte idéia dos antigos é que não haveria boa política dissociada da ética. E multiplicam-se as histórias romanas de heroísmo, como a de Múcio Sévola, que deveria matar o chefe inimigo que cercava Roma – e aprisionado, ameaçado dos piores tormentos, toma a iniciativa de expor

---

1. Ver "Democracia versus República: a questão do desejo nas lutas sociais", in Newton Bignotto (org.), *Pensar a República*, Belo Horizonte: Editora da UFMG, 2000, e meus livros *A República* e *A Democracia*, ambos São Paulo: Publifolha, 2001.

a mão sobre um braseiro, deixando-a queimar por inteiro, sem soltar um gemido sequer de dor, punindo-a porque ela errara o alvo.

* * *

A modernidade mudará de registro. A política moderna não é das virtudes, mas dos interesses. Maquiavel, esse autor tão mal falado, o anota quando, no cap. XV d'*O Príncipe*, diz que pretende tratar de Estados que realmente existem, e não de políticas ideais: porque, se ele idealizar, só ensinará o chefe político, "o príncipe", a correr à própria perda, em vez de preservar seu estado – isto é, sua condição de governante – e seu Estado. Maquiavel procurará, acrescenta, dizer coisa útil. E com isso deporta as virtudes para a vida privada, retirando-as da vida pública. Se ele chama de *virtù* a capacidade do líder para agir de maneira criativa e bem sucedida, vencendo as circunstâncias, essa qualidade nada mais tem a ver com a virtude moral.

É a idéia de *interesse*, porém, que representará a mudança radical que caracteriza a modernidade. Tomemos a crítica que Thomas Hobbes, por exemplo, faz à política antiga. Muitos, diz ele, leram os clássicos gregos e romanos que tratam da política, em especial Aristóteles e Cícero. Mas quanto derramamento de sangue causou, no Ocidente, o aprendizado do grego e do latim! ironiza ele, no cap. 21 do *Leviatã*. Isso porque esses leitores modernos dos antigos acreditaram nas qualidades das democracias e repúblicas, e assim se voltaram contra as monarquias da época "atual". Essa crença os cegou. Enganou-os. O que pode abrir-lhes os olhos? É a compreensão de seu *verdadeiro interesse*.

E não importa que Hobbes mal empregue essa palavra, que será difundida sobretudo com Tocqueville, o qual falará em "interesse bem compreendido". A idéia já está presente em Hobbes e nos políticos dos séculos XVII e XVIII. O que se deve ensinar aos homens é seu autêntico interesse. Este consiste, antes de mais nada, em evitar a morte violenta. Se cada um de nós buscar satisfazer só o seu egoísmo, correrá para a própria perda. Devemos ceder. Devemos negociar. Devemos contratar. Os modos de fazer isso variam conforme o autor, mas o modelo é sempre um: o filósofo da política mostra ao indivíduo desorientado qual é seu verdadeiro interesse, e este último, esclarecido, renuncia a uma parte dos seus desejos, para se preservar. Com o tempo, o interesse adquire um tom econômico. É o que melhor permite quantificar ganhos e perdas. Como ganho mais, como perco menos? eis a questão.

Sobre essa idéia de interesse, vai-se construir todo um sistema político. O que são partidos, se não agrupamentos que reúnem interesses? O que é a pregação política, se não o empenho de mostrar que meu interesse não está no outro partido, mas sim neste daqui? Se sou trabalhador, como votarei num partido que favorece os interesses dos patrões? Se vivo de rendas, por que apoiaria uma agremiação que defende sobretudo os assalariados? A racionalidade assim se sustenta de alguma forma no dinheiro. E não é casual que, no século XIX, apenas votasse quem possuía bens. A suposição é que o proprietário, por ter mais a perder em caso de uma guerra desastrada ou de simples má gestão demagógica do bem comum, seria mais sensato, promovendo políticas mais racionais, mais equilibradas. Mas, com o passar do tempo, dessa racionalidade dos interesses econômicos que beneficiava sobretudo os proprietários, passou-se também a uma racionalidade econômica favorável aos trabalhadores. Nasceram, cresceram, fortaleceram-se os sindicatos.

Todos esses elementos continuam importantes. Seria um erro proclamar, e pior ainda celebrar, o *fim* dessa política. Ela continua forte e mesmo necessária. Digo até mais: ela continua *predominante*. E nada tenho contra isso. A discussão dos interesses continua sendo crucial. Num país como o nosso, por exemplo, a gritante injustiça social se sustenta num reconhecimento muito claro, por parte das classes dominantes, de seus interesses na exploração do trabalho, e isso requer que as pessoas e grupos empenhados em mudá-lo lutem no plano dos interesses, e portanto no da economia. Não o fazer é enganar ou enganar-se.

Contudo, a política dos interesses tinha um pressuposto fundamental que, este sim, entrou em séria crise. Esse era o de que cada um de nós teria uma identidade prioritária, preferencial, claramente determinada. Em outras palavras, a política moderna sustenta-se numa idéia de *sujeito*. Cada um de nós – cada sujeito – é prioritariamente, digamos, patrão, operário, dona de casa. Dessa localização, dessa identificação, torna-se possível inferir quais são os interesses de cada um. Se sou patrão, religioso e chefe de família, segue-se que votarei num partido conservador. Se sou trabalhador, não pratico a religião e não tenho filhos, segue-se que é provável eu votar num partido de esquerda. Se não trabalho, sendo esposa e mãe, segue-se que adotarei uma posição política mais tradicional. Aliás, eu poderia ir mais longe. No século XIX, quando essa política se consolida, o patrão é chefe de família e, mesmo que em seu foro íntimo seja descrente, pelo menos publica uma religião. O operário europeu não tem família e não gosta da Igreja. A mulher só é valorizada se for filha, esposa, mãe. Uma identidade acarreta todas as outras. A identidade é por pacote: vem um conjunto, não dá para selecionar o que queremos ou não. Ela é prêt-à-porter.

* * *

Mas a crise das identidades torna insustentável o primado exclusivo dos interesses. Hoje cada um de nós tende a ser uma mistura de identidades. Lembro com que estranheza, em 1973, no aeroporto de Zurique, vi um segurança de vinte anos de idade com um brinco na orelha. Na época, uma coisa contradizia a outra. A profissão entrava em choque com o enfeite. A seriedade da função repressiva conflitava com o prazer, a ruptura, o caráter contestatório do adorno. Hoje, isso coloca cada vez menos problemas. Há homossexuais assumidos que lideram partidos de extrema-direita. Há empresárias bem sucedidas que são mães de família. Há evangélicos em todos os partidos, bem como católicos devotos.

Em nossos dias, essas diferentes identidades que cada um assume tendem assim a conviver, embora com um variável grau de conflito. Então, qual identidade – e qual interesse – prevalecerá? Dependerá das circunstâncias. Dependerá das ênfases. Colegas de trabalho, com o mesmo perfil

– digamos, professores, negros, provenientes da classe média baixa, votando no PT – podem priorizar diferentes aspectos de um mesmo mix de identidades. Um pode ser militante do movimento negro, outro, do PT, um terceiro, filatelista ou músico. Notem, aliás, como perdeu relevo a cobrança por participação política ou sindical. Excetuados os momentos decisivos, quando uma ameaça séria se coloca a alguma identidade, não nos sentimos autorizados a exigir dos outros uma atuação constante e prioritária em tal ou qual direção política. Vale a pena insistir nisso, porque quem trabalha com política costuma ressaltar a opção partidária, explícita ou implícita, e o que estamos vendo é que ela tende hoje a se reduzir.

Disso decorrem dois resultados. O primeiro é que as instituições – antes sólidas – que representavam interesses perdem, precisamente, sua solidez. É verdade que os cientistas políticos insistem na importância de termos partidos fortes, representativos, disciplinados, bem definidos. Mas penso que, embora esses devam continuar existindo, essa solidez encaminha-se para o passado. Eles se conservarão peças importantes no sistema político, mas terão cada vez mais que repartir espaço com outros atores. O mesmo vale para os sindicatos. Porque a novidade é que novos traços identitários foram surgindo, crescendo e ocupando lugar. E a característica – eis o segundo resultado – desses novos traços é que eles não podem ser reduzidos ao esquema dos interesses.

São, sim, reduzidos aos interesses certas vezes. A sociedade norte-americana está construída com base nestes últimos. Daí que qualquer movimento, gay, feminista ou negro, se realize enquanto lobby. Os lobbies junto ao Congresso norte-americano são o modelo mais acabado de representação quase indisfarçada de interesses. Nos Estados Unidos os próprios movimentos sociais se convertem em lobbies[2]. Mas essa é uma característica daquele país, difícil de exportar para outros.

* * *

2. Ver o cap. "Grandeza e miséria do politicamente correto" de meu *A sociedade contra o social*, São Paulo: Companhia das Letras, 2000.

O que cada vez mais vivemos é outra coisa. É um dilema. Ou temos uma histeria identitária, ou uma abertura de identidades. A histeria ocorre quando assumo uma só, dentre as várias identidades que tenho – e justamente por saber, mesmo que inconscientemente, que "sou trezentos, trezentos e cinqüenta", forço-me na direção de apenas um desses papéis. Isso se vê quando o contato social se reduz a um parque temático. Quem só freqüenta o mundo gay, ou o mundo yuppie, ou o mundo petista, ou o ambiente socialite, acaba correndo o risco de tornar-se um parque temático portátil. Veste-se de um jeito, assiste a determinados espetáculos, opina de maneira previsível. Vive a sociedade como uma tribo. Evidentemente a coisa pode ser bem pior e, em vez de ser apenas ridícula, a pessoa pode tornar-se criminosa, como foi o caso quando se desagregou a Iugoslávia e assassinos apareceram por todos os lados, expressão de diferentes histerias identitárias.

Ou nos fechamos numa só identidade, dizia, ou nos abrimos. Esta é a melhor perspectiva. Ter consciência de suas várias e conflitantes identidades é enriquecedor. E com isso chego à política que conduzimos durante a campanha. Entre minhas diversas identidades, fraturas se criam. Não sou um todo homogêneo. Stendhal bem o sabia, que dizia – no começo do século XIX – que detestava politicamente a direita no poder, simpatizando com a oposição e o proletariado, mas não conseguiria conviver socialmente com os miseráveis. Essa cisão no ser é uma característica que vem desde os primórdios da modernidade, mas foi, até poucos anos atrás, abafada.

O exemplo de Stendhal pareceria um equívoco, um atraso (e é um exemplo sem dúvida desagradável, politicamente incorreto, diria um jornalista[3]), mas na verdade era uma antecipação. É claro que substituiremos, cada vez mais, os termos que Stendhal usou. Falaremos na difícil conciliação de uma origem de classe, uma educação, uma escolha polí-

---

3. Menciono os jornalistas, porque são quem mais usa a expressão *politicamente correto* (ou *incorreto*).

tica, uma fé religiosa, uma orientação sexual, gostos artísticos, valores e sabe-se lá o que mais.

A cada um desses aspectos, tendemos a conferir cada vez maior intensidade. Antes, uns deles eram dispensáveis ou francamente secundários. Prevalecia a origem de classe, harmonizada com o dinheiro e a profissão. Hoje, não só os lados menores cresceram, como podem eles próprios prevalecer. Esta fratura causa dificuldades e mesmo sofrimento. Mas tem um enorme mérito. Abre espaço para o novo. Uma cisão dentro de nós facilita o diálogo. Reduz a blindagem. As identidades bem acabadas blindavam a personalidade. Nada entrava.

Mas nada disso elimina, enquanto vivermos numa sociedade fundamentalmente injusta do ponto de vista social, os interesses que ainda pesam enquanto hipoteca sobre nós. É possível e provável que, quando superarmos nossa dívida social, a questão do que *não* é interesse se libere e floresça. Aliás, digo algo nesta direção no manifesto de lançamento de minha candidatura, adiante, no cap. 2. Numa sociedade justa, poderíamos – talvez, não estou certo – pensar só por pensar. Mas com toda a certeza hoje, no Brasil, a *responsabilidade social* é fundamental. A questão, pois, é como fazer que uma nova política, mais leve, mais fundada na inteligência, seja o melhor meio de concorrer para a responsabilidade social da ciência. Quando, daqui a algumas páginas, eu insistir em que o nosso interlocutor principal deixe de ser quem está no governo para se tornar a sociedade – bem mais difusa e rica que o poder de Estado, mas, acima de tudo, aquela que numa democracia é quem detém com legitimidade a soberania –, é esta proposta que estará em jogo.

* * *

É esta convicção – de que estamos diante de seres humanos mais ricos, mais variados – que me levou a fazer uma campanha de idéias. Penso que nossa época é uma das que mais permitem a discussão em torno de temas. É claro que são grandes os fechamentos. Mas são menores do que nos tempos em que a identidade vinha pronta.

Mais um ponto: somos cientistas. A SBPC, como as sociedades científicas, culturais e as universidades, é um ambiente cujos membros trabalham com o pensamento. Nossa própria existência profissional depende de acreditarmos na importância das idéias, das experiências, da pesquisa. Precisamos, sempre, provar à sociedade como um todo que temos um papel relevante a cumprir. Isto é, precisamos convencer nossos concidadãos, do político até o eleitor, que as idéias, a pesquisa e a experiência valem alguma coisa socialmente – melhor dizendo, que valem *muito*.

Ora, como os persuadiremos se nós mesmos não acreditarmos nisso? Daí uma segunda razão para fazer uma campanha de idéias. Se realizasse uma campanha baseada numa rede de apoios – como, aliás, fez meu principal adversário – estaria apelando a interesses, a identidades, a necessidades, mas não a idéias. Apelaria ao fechamento, não à abertura. Defenderia a permanência do mesmo, não o diálogo.

Evidentemente, esses interesses têm valor. Laboratórios e bibliotecas precisam de verbas. Medidas têm que ser exigidas do governo. Mas este não é mais o cerne das questões. Uma nova política precisa estar centrada naquilo que vai *além* dos interesses. Esse "além dos interesses", essa fratura entre as identidades, é o que abre lugar para idéias novas, para uma recriação das relações entre o mundo da ciência e a sociedade.

Finalmente, o melhor veículo para isso é a Internet. Construir um site de campanha e, depois, usar a mídia eletrônica da SBPC era uma maneira de investir nesses furos na carapaça identitária. Ela custa muito barato, quase nada. Não é uma indústria, no sentido tradicional, o das matérias primas, sede física e tudo o mais que despende muito dinheiro e por isso mesmo constrói um poder ou uma força econômicos. Por isso, afirmei no começo que a Internet não é só um meio. Ela apenas se mostra interessante quando não a vemos como mero instrumento, mas como o meio adequado a um fim em especial, que é o de desvincular as pessoas de suas identidades conformistas. O que é fascinante nos jovens é como viajam mundo afora dentro de seus próprios quartos. É claro que precisam, sim, precisamos todos viajar fisicamente. Mas é bom que mesmo dentro do espaço confinado se abram janelas enormes para o mundo, para a diferença.

Fazer uma campanha de idéias pela Internet é fazer uma diferença.

3

Perdi a eleição. Por pouco – apenas 1,5 % do total de votos me separou do vitorioso. Mas isso não prova que uma campanha como esta dê errado. Se ela fosse mais convencional, talvez conseguisse os votos que faltaram. Mas talvez perdesse muitos dos que tive. Telefonei e falei pouco a possíveis eleitores. Não devem ter chegado a cinqüenta aqueles com quem conversei. Aliás, quando Gabriel Priolli me entrevistou para termos uma mídia diferente no site, ele me perguntou por que os eleitores deveriam votar em mim. Respondi, no bate-pronto: "Eles votarão em quem quiserem. Mas, se quiserem considerar uma nova postura etc. etc.". Uma colaboradora dele riu, achou espontâneo – mas esta é realmente uma convicção minha. Eu não pedi votos, propriamente. Pedi que considerassem uma proposta e a meditassem. Isto pode ter custado os 34 votos que me faltaram, mas talvez não. Respeitar o outro é essencial.

Também por isso não fiz lista de apoios. Não sei, realmente, o que significam de positivo. Por que um cientista ou um intelectual irá votar em alguém só porque outra pessoa o apóia? Isso é ridículo. Desrespeita a inteligência. Mas alguém dizer que me apóia e por quê, saindo das generalidades para entrar em questões precisas, segmentadas, é outra coisa.

Se dou a público estes textos, é porque acredito que constituem um exemplo interessante de uma campanha diferenciada. É claro que se poderá dizer que tal campanha vale sobretudo para um meio científico ou universitário. Pode ser, mas estes meios crescem cada vez mais. Há milhões de estudantes universitários no País, dezenas de milhares de professores doutores, dezenas de universidades que elegem seus dirigentes. Seria um equívoco pensar, porque marqueteiros ganham eleições na sociedade como um todo, que estamos fadados a pensar as campanhas com base no que eles fazem. Eles apelam à emoção. Nós podemos, sem dei-

A NOVA POLÍTICA | 21

xar de lado os sentimentos, apelar à inteligência. A inteligência inclui as emoções, mas refina-as. Acredito que tenderemos cada vez mais a pensar e a discutir com inteligência. Este livro é, assim, um manifesto em favor dela e contra a blindagem.

Quase concluindo: este livro é inteiramente diferente de meu *A Universidade e a vida atual – Fellini não via filmes*, que lancei há poucos meses pela editora Campus. O *Fellini* é um conjunto de ensaios sobre a vida universitária e a vida em geral, discutindo como mudaram estes últimos anos. A presente obra é uma intervenção política direta nas eleições deste ano na SBPC, acrescida de uma reflexão sobre o que chamo de nova política. Um livro não resume nem repete o outro.

Para terminar, os agradecimentos. Agradeço aos companheiros de programa, uns que se elegeram e outros não, aos que personalizaram seu apoio, aos que me mandaram sua declaração de voto por e-mail ou telefone – todos, muito numerosos para citá-los um a um. Alguns deles aparecerão nestas páginas, e saberão que esta é uma forma de lhes agradecer. Agradeço ainda a Gabriel Priolli, que gravou uma entrevista muito simpática comigo, a Leandro Siqueira e Rafael Evangelista, que montaram e mantiveram o site, a Jorge Forbes, que me encorajou, e sobretudo a Márcia Tiburi, que me deu não só amor, mas também idéias e sugestões preciosas. Meu filho Rafael me dá muita alegria: para ele, também, vai este livro.

São Paulo, junho de 2003

1
Antes da Campanha

Em 23 de fevereiro de 2003, o Conselho da SBPC se reuniu em São Paulo. É sua atribuição indicar candidatos à Diretoria e à sua própria renovação. Os diretores têm mandatos de dois anos, os conselheiros de quatro. O Conselho se renova a cada dois anos pela metade. Seus membros não podem reeleger-se para o mandato seguinte. Os diretores podem, mas uma vez só. Não cabe aqui entrar nos detalhes, nas conversas, no que é técnico. O objetivo deste livro é relatar uma campanha diferente.

O fato é que as discussões no Conselho estavam dominadas por uma questão delicada: em 2002, a Prefeitura do Recife havia pago a filiação de trezentos professores da rede municipal de ensino à SBPC. Naquele momento, a Diretoria não viu maiores problemas nisso. Mas, quando chegou a proposta de filiar mais 1996, a Diretoria da SBPC ficou inquieta. A Sociedade tinha cerca de quatro mil sócios quites, portanto, com direito a voto. Com essa filiação, ela passaria de seis mil, porém mais de um terço deles teriam um mesmo perfil geográfico, profissional e talvez ideológico.

A questão começou a ser debatida, por e-mail, entre os membros do Conselho, em fins de janeiro. Demorei a entender exatamente do que se tratava, porque o primeiro e-mail que me chegou sobre o assunto, assinado por Ennio Candotti, já então candidato declarado à Presidência, comentava uma discussão que começara antes. Tanto assim que minha primeira reação foi minimizar a questão, ponderando que provavelmente os novos sócios não votariam na eleição de 2003 mas só na de 2005, quando já teriam passado a pagar eles mesmos suas anuidades – de modo que permaneceriam na SBPC apenas os que pusessem a mão no próprio bolso. Para meu espanto, o secretário regional do Recife, que promovia as filiações, respondeu-me que não só considerava uma discriminação sugerir que eles não tivessem voto (aqui, houve um mal-entendido de ambas as partes, porque eu acreditava que só votassem os associados com um tempo mínimo de filiação, o que não era o caso, e ele entendeu que eu queria privar para sempre os professores da rede do direito de voto, o que não era absolutamente o caso), como também – cito-o – que "o Prefeito João Paulo garantiu que, enquanto for Prefeito de Recife, a Secretaria de Educação vai continuar pagando as filiações e anuidades dos professores que desejarem continuar sócios da SBPC"[1]. Esse último ponto me preocupou, e externei a todos os colegas do Conselho minha inquietação, recebendo várias respostas em apoio. Quero frisar que todo este clima foi amistoso. Em nenhum momento acirramos os sentimentos. Até então, aliás, eu estava disposto a apoiar Ennio Candotti à Presidência.

Quando nos reunimos em São Paulo, o Conselho se dividiu. Expus dois argumentos contra a filiação. O primeiro era que ela não pode ser terceirizada. Cada um deve pagar sua parte. Não sendo assim, observou o cientista Crodowaldo Pavan, ex-presidente da SBPC, uma Igreja poderia filiar de uma vez só um enorme número de seus fiéis à nossa Sociedade! O segundo era que devemos evitar filiação em massa de sócios de um mesmo perfil. Se a SBPC quer ampliar seu quadro societário (e acho que deve fazê-lo), isso deve ser promovido em várias direções ao mesmo tempo. Todos os conselheiros, com exceção de três, concordaram. Mas, aí, percebi que não podia mais estar com Ennio. Ele não considerava perigosa para o perfil da Sociedade uma filiação em massa. E eu estava sendo

---

1. E-mail de José Antonio Aleixo, secretário regional da SBPC em Pernambuco, a "Renato e Demais Colegas", de 1º de fevereiro de 2003.

convidado, desde vários dias, a concorrer à Presidência, por colegas que desejavam formar outra chapa. Falei com ele, expus-lhe minha posição e nossos nomes foram aprovados pelo Conselho, bem como o do matemático Marco Antonio Raupp.

O apoio de Raupp

Um mês depois, Raupp mandou uma carta à Presidência da SBPC, que saiu no *Jornal da Ciência E-mail*, publicação diária da Sociedade, em 28 de março, retirando seu nome da disputa pela Presidência. Ele agradecia a confiança dos que o apoiaram, tanto conselheiros quanto colegas, mas acrescentava:

> Penso que é hora de somar esforços na direção de um objetivo maior e comum a todos nós, que é o de uma SBPC atuante, empenhada na qualidade da pesquisa e no compromisso social da comunidade científica. São estes os pontos essenciais do programa do colega Renato Janine Ribeiro, professor de Filosofia na USP, e por isso retiro a minha candidatura e recomendarei aos sócios e colegas que votem nele, para presidente da SBPC.

Formou-se então um grupo de candidatos – reluto em usar o termo chapa, preferindo falar de pessoas que apoiavam o mesmo programa –, que fomos eu, para Presidente, Carlos Vogt e Jailson Bittencourt de Andrade, para os dois cargos de Vice-Presidente, Regina Markus, para Secretária Geral, Ana Maria Fernandes e Vera Val, para dois cargos de Secretária (não tivemos candidato para o terceiro cargo), Aldo Malavasi para Primeiro Tesoureiro e Humberto Brandi para Segundo Tesoureiro.

Mas o passo decisivo foi a montagem do site de campanha. Reuni-me com Carlos Vogt e Aldo Malavasi e expus-lhes minha idéia de como fazer a campanha. A peça fundamental seria um site, que cada dia tivesse textos novos, meus, deles e de outros que nos apoiassem. Vogt tomou as providências práticas. O custo foi baratíssimo. Demorou talvez dez dias ou duas semanas para que o puséssemos no ar.

O site

Na verdade, eu esperava mais do site do que acabaria conseguindo. Em primeiro lugar, imaginava que o outro candidato também montaria um. Não é óbvio que, hoje, essa é uma ferramenta básica de disputa da opinião? Mas não foi o caso. Ele dispunha de um forte apoio, o do secretário regional do Recife, que semanalmente manda por e-mail um noticiário – bem feito – com notícias sobre ciência e tecnologia. Mas, sobretudo, valeu-se de uma rede de apoios. Voltarei a isso depois. E, quando também entrou na arena um terceiro candidato, o físico da Unicamp Rogério Cerqueira Leite, tampouco ele abriu um site, contentando-se em escrever sobre política científica na *Folha de S. Paulo*, a cujo conselho editorial pertence. Cerqueira Leite fez a campanha pelo jornal. Nos meses de campanha ele aumentou a freqüência de sua colaboração no jornal, e publicou mais artigos nele do que em nossa mídia específica, o Jornal da Ciência E-mail. Penso que cometeu um erro, agindo assim. A comunidade científica aprecia que um grande jornal tenha uma boa editoria de Ciência, como é o caso da *Folha*. Mas teria preferido que um postulante expusesse sua candidatura de maneira franca, na mídia científica, e não de modo apenas indireto – criticando a SBPC mas sem dizer que era candidato – num jornal externo ao meio científico. De todo modo, no que interessa aqui, acabei sendo o único candidato a ter um site.

Em segundo lugar, eu pensava que o site atrairia mais debates. Acreditava que receberia textos para publicar. Ao fim e ao cabo, fora os textos dos próprios companheiros de programa, só contei com um artigo do companheiro de filosofia política, Newton Bignotto, que transcrevo adiante. Há pelo menos uma boa razão para isso: é que os cientistas de outras áreas que as Humanas escrevem com menor freqüência. Assim, após uns quinze dias de site, quando pela primeira vez consultei o relatório de visitação a ele, fiquei decepcionado. Dificilmente passava de dez visitas novas por dia. Isso, em começos de abril, me preocupou.

Mas o site, alimentado quase todo dia útil com um artigo novo meu, terminou por se tornar uma referência. A visitação a ele chegou, no final da campanha, a mais de quarenta novos internautas por dia. Ao todo, ele teve mais de mil visitantes diferentes, durante o período de campanha. É um número próximo ao dos votos que tive, 877. Essa é apenas uma coincidência, mas significativa.

Além disso, a Comissão Eleitoral – o nosso TSE – tinha decidido que a campanha pela mídia da SBPC só começaria em 5 de maio, uma semana antes da data marcada para o começo da votação, que seria essencialmente feita on line e duraria um mês. Achei errado isso. O debate deveria ser mais longo e o período de votação, menor. Abri o site dias antes mas, quando notei que as visitas a ele se faziam em número inferior ao que eu esperava, mudei de estratégia. Passei a publicar o mesmo artigo, que todo dia ia para o site, simultaneamente no Jornal da Ciência E-mail. Na verdade, quando falei em mídia da SBPC, me referia a ele. É um periódico que reúne as principais notícias de interesse à área, tanto as que apareceram nos principais jornais do País, quanto as que vieram das agências de fomento, das universidades ou de pesquisadores em geral. Circula junto a mais de dezessete mil destinatários. Não sei, deles, quantos o lêem efetivamente. Devo acrescentar que a falta de cultura eleitoral na SBPC levou a Presidência a pedir, depois de uma semana ou duas de campanha, que o JCE (vou chamá-lo assim, de agora em diante) reduzisse a ênfase que lhe dava. Foi provavelmente um desejo de baixar a temperatura, de evitar acusações. Mas isso também diminuiu o alcance da campanha, de todas as campanhas.

Finalmente: a construção do site e a estratégia do artigo diário tinham por fim combater o que em linguagem de marqueteiro se chama "blindagem". Meu adversário tinha blindado o seu apoio. Ele partiu de uma vasta lista de apoios a seu nome. Não era um manifesto ou um programa, mas uma lista de pessoas que o encorajavam à disputa. Isso levou, em especial no Rio de Janeiro e em Pernambuco, a um bom número de pessoas que, começada a campanha, surgindo outros candidatos, nos afirmavam já se terem comprometido com ele. Estranhei isso.

"To a candid world"

Estranhei isso porque pensava que numa sociedade de cientistas as tomadas de posição política deveriam decorrer de uma discussão, e não de uma rede que vedasse a discussão, melhor dizendo, que a tornasse infecunda: porque, qualquer que fosse a opinião formada em função de um debate de idéias, vários colegas já tinham fechado questão. Voltarei a isso depois. Aqui, quero lembrar uma passagem da Declaração de Independência dos futuros Estados Unidos, de 1776. Quando os colonos da América do Norte escolheram um destinatário para sua mensagem – uma mensagem absolutamente original, pois era uma proclamação de independência de simples cidadãos, sem legitimidade dinástica, sem terem um rei a opor a outro – eles disseram que escreviam "para um mundo cândido", limpo, inocente.

Ora, essa candura do mundo seu contemporâneo, das pessoas cultas que poderiam – na Europa, é óbvio, uma vez que as Américas e a África estavam colonizadas e censuradas – ler a mensagem e meditá-la, não era nada evidente. O Antigo Regime não era cândido. Vivia governado por preconceitos. Dizer isso não é exagero. Montesquieu, ao descrever – em 1748, no *Espírito das Leis* – a monarquia, diz que é o regime dos preconceitos. A chave sobre a qual se sustenta a nobreza, que é o valor da honra, é construída sobre uma distinção social originada sobretudo na diferença de nascimento. Longe de ser um mundo limpo e inocente, esse mundo é carregado de marcas. Insisto: essa não chega a ser uma crítica. Era assim mesmo que a nobreza descrevia seu mundo.

Ora, os norte-americanos da Declaração de Filadélfia eram cultos. Sabiam o que era a Europa de seu tempo. Portanto, ao se dirigirem a um mundo imparcial, puro, cândido como um recém-nascido – e sabendo que a sociedade dominante do mundo que então contava *não* era assim – eles não podiam estar se enganando de destinatário. Eles eram, isso sim, atrevidos. Eram ambiciosos. O que fizeram não foi procurar gente sem preconceitos para convencê-la. Dizendo melhor, seus destinatários não estavam prontos, à sua espera. Na verdade, seus destinatários não existiam!

O que Thomas Jefferson, John Adams e os outros autores ou signatários da Declaração fizeram foi criar seus destinatários. Esses nasceram graças à Declaração. Foram instituídos por ela. E é isso o que permite entender seu extraordinário impacto.

Que dois rapazes mineiros procurassem, tempos depois, o embaixador dos jovens Estados Unidos em Paris, o mesmo Jefferson, querendo seu apoio para a futura revolta brasileira de 1789; que ainda Jefferson aconselhasse os revolucionários franceses e até esboçasse uma Constituição, curtíssima, para a França; que Ho Chi Minh, ao proclamar a independência do Vietnã em 1945, num texto sucinto, encontrasse espaço para citar explicitamente a Declaração de Filadélfia, tudo isso atesta o êxito dos seus redatores – capazes, que foram, de criar uma linguagem e seu destino.

Não os criaram, porém, do nada. A Declaração coroa décadas de filosofia voltada para o direito natural. Na Inglaterra do século XVII, contra um rei, Carlos I, que pretendia tornar-se monarca absoluto, invocaram-se os direitos do "free born Englishman", isto é, do inglês que nasce livre. Por seu simples nascimento, o inglês teria direito à liberdade – é o que se chamava seu *birthright*. A liberdade não se devia portanto à vontade do rei, nem explícita nem tácita. Ela era prévia à própria monarquia. Mas era restrita aos ingleses. Casava-se com um certo nacionalismo inglês, com a celebração de um país que, embora ainda figurasse no segundo escalão europeu, se considerava superior aos demais – chegando a fazer uso de símiles como o do "povo eleito", transpondo assim a Israel bíblica para a Britânia. Contudo, ao longo do século XVIII, essa idéia de direitos que temos só por havermos nascido vai se difundir na Europa como um todo. Literalmente, é isso o que significa *direito natural,* o direito que temos por tão só havermos nascido, o direito que portanto ampara todo e qualquer ser humano. O século das Luzes é a era do direito natural. E aqui a Declaração encontra seus destinatários. Eles então, de certa forma, já existem. Lêem, escrevem, pensam uma sociedade melhor. Mas somente se tornam destinatários da política quando a Declaração os colhe. Antes disso, não seriam muito mais do que escritores quase perdidos, uns deles muito bons, a maior parte de segunda ou terceira categoria, boêmios literários, como Robert Darnton chamou bom número deles.

Onde quero chegar, com isso? É claro que não comparo nossa campanha à Declaração de Filadélfia... Mas a palavra *candidato*, que vem dos romanos antigos, designava uma postura que era a de apresentar-se, o postulante a um cargo, limpo, cândido, puro, honesto. O candidato tem de provar sua inocência e honestidade. Ora, o que estou sugerindo aqui vai além disso. A passagem ao espaço público, o ingresso na arena política que seja digna de tal nome, a construção de uma ágora para a discussão científica exige que não só os postulantes, *mas sobretudo os eleitores*, sejam cândidos. O mundo cândido de 1776 não era o de quem falava. Era o de quem ouviria. A Declaração troca, assim, de lugar a candura. Não é mais o postulante que precisa mostrar sua pureza. Ou melhor, não é só ele. É o mundo de seus destinatários que é chamado a viver sem preconceitos. A ele, expõe-se uma série de idéias. Sim, há uma coleção de abusos que o rei da Inglaterra cometeu e que são denunciados. Mas nenhum deles seria abuso, se não estivesse dito, com todas as letras, que temos um direito natural à liberdade, à igualdade e à busca da felicidade. Para usar um termo que em nosso país se celebrizou durante a luta pelo *impeachment* de um presidente acusado de crime de responsabilidade, e que gerou o movimento pela ética na política, o que Filadélfia propunha era passar o mundo a limpo. Ora, isso implica pedir, às pessoas, que discutam valores e idéias. Que deixem de lado o passado, seus preconceitos, as maneiras como ele se estruturou.

Assim, uma campanha – pelo menos segundo uma nova política – deve presumir inocência por parte do público. Inocente é quem não conhece; mas não se trata da ignorância do inculto ou do tolo, e sim de uma espécie de douta ignorância, como a que Sócrates reivindicava – uma suspensão dos preconceitos. Isso quer dizer que deslocamos a candura do candidato para o eleitorado, do postulante para o seu público. Não devemos mais fingir a virgindade de quem concorre a um cargo. O que devemos é constituir um espaço público, o menos preconceituoso possível, o menos preso ao passado, no qual idéias e desejos se exponham e, assim, abram um território novo.

Ou uma campanha é isso, ou ela não é nada. Ou ainda, claro, é mero marketing. Numa sociedade científica, como numa Universidade, a campanha pode e deve dar-se em torno de idéias. Daí que eu não goste da blindagem. Esse termo tem sido usado pelos marqueteiros nas campanhas políticas em geral. Ele significa uma série de coisas: que o candidato não se exponha; que em seu lugar, quando for preciso bater, algumas pessoas o façam, poupando-o de qualquer desgaste; que se procure consolidar os votos mediante uma série de compromissos. Nossa campanha pôs em xeque, um por um, cada um desses princípios. Se perdemos algum voto com isso, ganhamos outros e, sobretudo, sugerimos algo novo. Além disso, numa sociedade que reúne as pessoas em torno de suas idéias, vencer não é preciso a qualquer preço. Disse várias vezes que a campanha já era uma forma de gestão. Se perdi a eleição, com isso pelo menos definimos um futuro, mais criativo do que a vitória de métodos passados.

2
Começa a Campanha: O Manifesto

No dia 28 de abril, abri o site com um texto de programa – um verdadeiro manifesto – que, antes, havia discutido com vários companheiros, de quem recebi sugestões, em especial de Carlos Vogt, Aldo Malavasi e Regina Markus, bem como de Myriam Krasilchik, que foi vice-reitora da USP, e de Renato Dagnino, que é professor titular no departamento de Política Científica e Tecnológica da Unicamp.

POR UMA SBPC COM MAIOR ATUAÇÃO SOCIAL

Renato Janine Ribeiro, Professor titular de Ética e Filosofia Política na USP
Candidato a Presidente da Sociedade Brasileira para o Progresso da Ciência

Dois pontos básicos

Aceitei ser candidato a presidente da SBPC, nas eleições para o biênio 2003-05, porque acredito em dois pontos básicos. Primeiro: a ciência e o conhecimento em geral têm um papel social que, num país com as desigualdades que tem o Brasil, se torna decisivo. Isso quer dizer que não podemos pesquisar sem levar em conta a *responsabilidade social*. Em condições mais justas, numa sociedade sem miseráveis e sem problemas graves de sustentabilidade ambiental, seria legítimo pensar só por pensar. No Brasil, mesmo o criador mais desligado do mundo tem que dar, a este último, um pouco de seu pensamento.

Mas isso não significa que a ciência deva ser atrelada à política, menos ainda à política partidária. Se somos cientistas (no sentido mais abrangente do termo, incluindo as ciências humanas e a própria filosofia), é nessa condição que melhor podemos contribuir para o que quer que seja. Não podemos abrir mão, em hipótese alguma, da qualidade da pesquisa. Nosso maior erro seria tornar a ciência dependente da política.

Por isso mesmo, a SBPC deve conservar o perfil de uma sociedade formada antes de mais nada por cientistas, isto é, por pesquisadores. Ela é o braço político da ciência brasileira. Isso significa que podemos nos filiar individualmente a sociedades científicas de outros perfis, como de sociólogos, ou físicos, ou biólogos, mas o momento em que a nossa voz é mais forte em face do governo ou da sociedade é quando estamos unidos na SBPC. Falamos, então, não apenas pela ciência, mas também pela presença da ciência na sociedade. Por isso mesmo, devemos ampliar nossa Sociedade, em quantidade e qualidade de sócios, bem como em sociedades científicas – porque somos, e só nós podemos ser, a representação política da ciência brasileira, o interlocutor do Governo e da sociedade em Ciência e Tecnologia.

Ciência, Educação, Cultura

Na SBPC, a ciência fala política. Não é política partidária, porém, e sim as grandes questões nacionais. Nossa Sociedade esteve presente em grandes momentos de nossa história, batalhando pela democracia e também pela destituição de um presidente acusado de corrupção. São cartuchos que não podem ser gastos à toa, para não serem banalizados. Não devemos apoiar governos, nem nos opor a eles, a não ser em situações excepcionais. Mas é claro que não somos nem uma agremiação de recorte partidário, nem um ambiente de discussões estritamente técnicas.

Acredito que nosso papel esteja no difícil, porém necessário, encontro do campo científico com o político. Uma das missões de nossa Sociedade (a SBPC) é como assegurar a soberania de nossa sociedade (a brasileira), isto é, a capacidade do povo brasileiro de decidir seu futuro, num mundo em que as independências estão ameaçadas. Mas só podemos garanti-la – ou instaurá-la – com base em nossa capacidade científica. Para tanto, *a SBPC deve ampliar sua voz.*

E isso significa que no aparelho de Estado ela não dialogue só com o Ministério de Ciência e Tecnologia. Sim, é fundamental ela defender a ciência no seu fórum mais específico. Mas ela também tem muito a dizer no âmbito da educação, e não só da superior, e no da cultura. Se eu for eleito, fortaleceremos nos próximos anos a interlocução com esses ministérios – da Educação e da Cultura – e o que eles representam. Isso não pode ser feito de um dia para o outro. O diálogo tem que ser permanente e não pontual e ocasional. Para isso, formaremos grupos que possam manter essa interlocução de maneira rica, sempre com a presença de membros do Conselho e da Diretoria da SBPC.

A percepção social da importância das ciências

Provenho da área que é chamada de Ciências Humanas ou de Humanidades. Sem nenhum espírito bairrista, penso que é hora de integrar mais a nossa área no centro de decisões da SBPC. Tenho a meu favor a experiência como pesquisador de Humanas, autor de vários livros de filosofia política e, recentemente, de uma obra que procura fazer dialogarem a filosofia e a sociedade brasileira. Como além disso montei o projeto de um curso experimental para a USP (o de Humanidades, inspirado no de Ciências Moleculares) e fui diretor de entidades científicas (a própria SBPC e, antes dela, a ANPOF), bem como membro do Conselho Deliberativo do CNPq, sinto-me à vontade para notar alguns pontos importantes, que valem para todas as ciências.

As Ciências Humanas aparecem socialmente com menor importância do que de fato têm. Gosto de perguntar às pessoas quanto, do que levam sobre o corpo, vem da pesquisa científica mais recente. É quase tudo! É difícil eu vestir uma roupa, calçar um sapato, sem ter neles uma tecnologia nova. A maior parte das pessoas não sabe exatamente quanto vestem de ciência, mas é admirável. Fazer que toda a sociedade tenha consciência disso é fundamental: é o que legitima aos olhos da população a ciência. Mas isso é mais claro no caso das Ciências Exatas e Biológicas. A opinião pública não tem tanta noção da importância delas quanto deveria ter, mas já tem alguma.

Devemos aumentar esta percepção social da importância das ciências em geral, de todas as ciências! Penso, com freqüência, no que é a conversa em sociedade, a conversa entre pessoas que não se conhecem mas se encontram – numa fila de ônibus ou no check-in de um aeroporto, numa sala de espera de médico ou numa festa. Quais assuntos espontaneamente nascem entre elas? A conversa assim descompromissada, "social", está pautada pela televisão, pelos cadernos de fofocas, por pouco mais que isso. Gostaria que conquistássemos uma fatia dessas conversas. Gostaria que na consciência das pessoas comuns de nosso povo – dos cidadãos em geral – uma parte pelo menos do que pensam tivesse a ver com a importância da ciência para suas vidas. Embora eu até ache engraçada a imagem do cientista como inventor e nada tenha contra o professor Pardal, penso que devemos mostrar melhor o que fazemos, para que fazemos, para quem fazemos.

Aumentar o diálogo com a sociedade

Estamos num momento da História do mundo no qual cada corporação que é paga pelo Estado precisa prestar contas do que faz. É justo que assim seja. Mas isso nos coloca diante de necessidades que nunca tivemos em escala tão grande. Desde que existimos, vimos a ciência ameaçada muitas vezes por cortes de verbas públicas. Lutamos seguidas vezes para defendê-la de iniciativas perigosas por parte do Poder Executivo. Tivemos êxito, não tanto quanto gostaríamos, mas tivemos. Evitamos o pior. Enquanto um governo quase extinguia o cinema brasileiro, no começo dos anos 90, nós conseguíamos sobreviver – e, depois disso, voltar a crescer. Diretorias passadas da SBPC cumpriram o seu dever, defendendo a ciência brasileira junto ao governo federal e, no caso das FAPs, diante dos estaduais, como o do Maranhão, que extinguiu e depois acabou recriando sua Fundação de Amparo à Pesquisa.

Mas nosso diálogo deve ser cada vez mais com a sociedade – mais do que com o Executivo. *Precisamos desestatizar a nossa fala.* Não vamos parar de conversar com os ministérios e as agências de fomento. São o nosso alvo primeiro e mais próximo. Mas precisamos ampliar o foco. A diretoria atual fez bem ao escolher um representante da SBPC junto ao Congresso Nacional. Não basta o Executivo, é preciso o Legislativo. E há vários anos que agimos nos Estados, em especial lutando pelas Fundações de Amparo à Pesquisa. Só que precisamos ir, mais, para a sociedade. A grande batalha dos próximos anos é a da opinião pública e social.

E, aí, o que entra em jogo não são tanto os números, nem as quantidades, mas a compreensão de que a ciência tem um papel decisivo na melhora da vida dos nossos cidadãos. Nos Estados Unidos, um cidadão de 45 anos está processando as redes de *fast food* porque comeu nelas a vida toda, e só agora descobriu que esse tipo de comida faz mal. Nunca foi avisado disso, alega. Ele está sendo ridicularizado, mas tem uma certa razão. A propaganda do *fast food* devia ser como a de cigarros ou de álcool, com advertências quanto aos perigos para a saúde.

Mas não é esse o nosso ponto. Podemos, e devemos, como cientistas, transmitir às pessoas o que sabemos. Por que não criar duzentas vinhetas curtas, de meio minuto, pela TV e pelo rádio, nas quais cientistas e pesquisadores da Medicina diriam ao público em geral o que a ciência descobriu que é bom para a sua saúde? Tenho certeza de que seria um sucesso de audiência.

Não falo apenas de divulgação da ciência. A questão é fazer que ela chegue não só a nossos públicos mais próximos, como os jovens letrados, que podem ler *Ciência Hoje* ou *Ciência e Cultura* (duas notáveis realizações nossas) ou *Galileu* ou *Super Interessante* – revistas estas que surgiram e conseguiram sucesso somente porque, antes delas, a SBPC entrou nesse gênero literário e o converteu num público e num mercado. Devemos ir mais longe e captar o público em geral. E isso por duas razões. Primeira, é justo que prestemos contas. Acreditamos mesmo que a ciência pode melhorar a vida das pessoas! Estou convencido de que esta é a principal razão pela qual a maior parte de nós escolhe o caminho da pesquisa. E a segunda razão é nosso interesse. Numa configuração mais democrática do mundo, se não entrarmos na pauta dos assuntos que as pessoas conversam, estaremos enfraquecidos.

Escrevi na revista *Bravo*, de março, que a política pública para a cultura *não* pode ficar só nas mãos dos artistas. Ou ela é assunto de interesse geral, e os cidadãos descobrem que precisam de arte para viver, ou sempre ficará como um resto, como um ministério que tem fatia pequena e quase imperceptível do orçamento. A situação da ciência é melhor, mas não muito. Temos mais recursos que a cultura, no Orçamento da União. Construímos um esquema eficaz de representação, através das sociedades científicas e da SBPC, chegando até o Conselho do CNPq e os órgãos colegiados de outras agências de fomento – um esquema que não tem igual na área de cultura. Mas precisamos, também, que a opinião pública nos respalde. Só ela legitimará nossos pleitos. E para isso a melhor via é mostrar a necessidade, a utilidade do que fazemos.

Talvez o que me dê tanta convicção desta premência seja eu vir da área de Ciências Humanas. A disposição social é menos favorável a elas do que às Exatas e Biológicas. Isso acaba levando os próprios pesquisadores da área a se mostrarem receosos, toda vez que lhes perguntam o que fazem para e pela sociedade. Sentem-se cobrados para realizar uma aplicação técnica ou tecnológica que não é a sua missão social.

E no entanto poderíamos fazer uma pergunta parecida à que formulei acima: quanto, do que você tem em sua cabeça, vem da pesquisa científica em Humanas? Não é pouca coisa! Vejamos a democracia no Brasil. Sem os cursos e as pesquisas das Ciências Sociais e Humanas em geral, teríamos construído uma consciência democrática como esta, que avança cada vez mais? É claro que podemos explicar o fim da ditadura, o *impeachment* de Collor, o crescimento dos movimentos sociais como resultando de lutas sociais. Mas lutas não são apenas o exercício de alguma força.

Ninguém luta só com a força que se exprime nos braços e pela garganta. O discurso democrático é o que dá forma e orientação a isso tudo. Não é um discurso pronto, não vem dos cientistas para a sociedade e tem muito a aprender com ela – mas, que ele contribuiu e contribui para a democracia e a liberdade, é fato. Contudo, temos menos consciência – e menos orgulho – dessa contribuição do que deveríamos.

Daí que as Ciências Humanas (e quando uso este termo penso também nas Humanidades, incluindo o estudo das Artes e da Literatura, bem como a Filosofia) não devam ficar na defensiva. Muitas vezes nos sentimos ameaçados por critérios que não são os nossos – por exemplo, pela ênfase dos gestores de ciência e tecnologia na questão da aplicação tecnológica. Ora, não geramos patentes, mas trabalhamos com um hardware e softwares preciosos, que são o pensamento humano. Geramos poucos produtos (alguns, sim: pesquisas de campo nas ciências sociais, por exemplo), mas ajudamos a *construir um público*, com valores como os da cidadania, da ética, da participação, da democracia, dos valores republicanos. Os produtos que geramos podem ser colocados no mercado – e devemos fazê-lo. Mas nossos principais resultados estão na formação de um público. Lidamos com o modo como uma sociedade se pensa a si mesma, e assim se capacita a pensar as coisas, o mundo, e a melhorar a realidade.

Quando amigos franceses (isto é, do país que inventou a figura que conhecemos do "intelectual") me dizem que no Brasil o professor universitário escreve mais na imprensa cotidiana do que na França, vê-se como é forte aqui a transmissão de conhecimentos gerados na academia para a sociedade. Já fazemos isso. Podemos e devemos ter consciência disso para fazer isso mais e melhor. Mas não precisamos nos defender quando alguém nos cobra aquilo que já fazemos.

Cooperação entre as ciências

Nada do que afirmei acima vai no espírito de uma contraposição entre as Ciências Humanas e as Ciências Exatas e Biológicas – ao contrário, o que pretendo é uma melhor compreensão e cooperação recíprocas. Quatro anos no Conselho do CNPq e oito na SBPC, como membro de sua Diretoria ou de seu Conselho, me mostraram que é enorme a proximidade entre nós todos, pesquisadores de todas as áreas da Ciência. Assim como há equívocos das outras áreas na percepção do que são as Humanidades, há erros dos pesquisadores de Humanidades na compreensão do que são as outras ciências. Dois exemplos. As Ciências Exatas e Biológicas tendem a achar que as Ciências Humanas são pouco formalizadas. São, mesmo. Elas usam pouco a linguagem matematizada. Mas isso não quer dizer superficialidade. Quer dizer que elas trabalham com a mesma linguagem do dia-a-dia, só que (e esse *só que* faz toda a diferença) convertida em rigor.

Inversamente, muitos estudiosos das Ciências Humanas acham que o trabalho das outras ciências não envolve a imaginação e a criatividade, sendo mecânico. Envolve, sim. O pesquisador, de qualquer área "dura", é quase um artista. Muitos também pensam que a pesquisa em Exatas e Biológicas está diretamente ligada a uma aplicação prática. Ledo engano. Ela pode, sim, resultar em patentes e em tecnologia – e é bom que assim seja. Mas a defesa da ciência básica, da pesquisa pura, de sua autonomia em face dos interesses do dinheiro e do mercado, é igualmente forte em todas as ciências.

O ponto, então, é o seguinte. Tivemos uma atuação admirável em face do poder público, melhor dizendo, do Executivo Federal. Devemos dar-lhe continuidade. Iniciamos, contra ventos e marés, uma atuação articulada com o mundo das empresas. Também precisamos desenvolver essa cooperação, que permite a toda uma gama de pesquisas se converter em produtos que estejam ao alcance das pessoas em geral. Mas é preciso escancarar uma terceira frente. Essa é a da sociedade em geral, em seu sentido mais amplo, que inclui a opinião pública. Já estamos jogando este jogo. Já temos o jornalismo científico. Temos a mídia da SBPC. Há toda uma mídia externa que nos quer ouvir. Mas isso pode e deve crescer, exponencialmente. Esse é o jogo político amplamente democrático em que devemos apostar cada vez mais. E é este o jogo que nos permitirá maior eficácia naqueles outros em que já estamos em campo.

Responsabilidade social

Com estas palavras, o que procuro é mostrar que entre a responsabilidade social e a qualidade da pesquisa não pode haver contradição. Devemos acentuar o primeiro ponto. Foi votada no governo passado uma lei de responsabilidade fiscal, que em termos gerais eu aprovo – mas na ocasião escrevi que faltava uma lei de responsabilidade social. Um governante eleito pode sair de seu cargo com a mortalidade infantil mais alta, com os indicadores sociais piorados, e isso tudo sem problemas. Está errado.

Um campo em que esta questão pode ser pensada são – por exemplo – os programas dos cursos de graduação nas universidades brasileiras, para que os alunos tenham maior noção de sua responsabilidade perante a sociedade que os criou. Se eles estudam numa universidade, sobretudo nas públicas, é porque seu curso está sendo pago pela sociedade. Por isso mesmo, não podem sair da universidade tratando seu diploma como patrimônio pessoal, como propriedade privada. Devem alguma coisa à sociedade, sobretudo aos setores que, como sabemos, com maior sacrifício os financiam. E isso precisa estar mais presente em sua formação. Um acadêmico de Medicina deve pelo menos se perguntar se a especialidade que escolheu traz alguma coisa para a sociedade; deve se perguntar que valores há na vida, além do sucesso financeiro, pessoal ou mesmo profissional; deve se indagar sobre o modo de tratar respeitosamente seus pacientes; deve examinar como prevenir as doenças, antes de precisar tratá-las. Tudo isso já se faz, sim, mas devemos *acentuar* essa formação ética e cidadã dos alunos. E não só dos de Medicina – até dos de Filosofia.

Corremos o risco de ser técnicos demais e de deixar de lado as perguntas *para quê, para quem.* O aluno, depois disso, pode fazer a escolha que quiser, mas pelo menos devemos evitar que ele saia da universidade sem nunca ter sido exposto a questões assim candentes e, por vezes, duras. Hoje, se ele decidir simplesmente ganhar dinheiro, ficará com a consciência tranqüila – e, tranqüilamente e com razão, poderá dizer que nós professores nada fizemos para que não fosse assim. É isso, só isso, o que devemos impedir. Nossa sociedade tem percorrido um caminho de injustiça quase suicida e, enquanto não priorizarmos a solução de seus problemas sociais, ela não melhorará.

Quanto à qualidade da pesquisa, ela é nossa galinha dos ovos de ouro. Entender a qualidade em pesquisa como fazem os países líderes em Ciência, como um conceito construído com base nos sinais de relevância emitidos pelo conjunto da sociedade, não quer dizer cobrar dela resultados imediatos. Mas, mesmo que uma pesquisa ou outra fracasse, o conjunto das pesquisas traz resultados bastante importantes e positivos. A qualidade, além disso, tem um sentido ético. Significa que em nossa área certos valores devem prevalecer. Venho de uma disciplina que tem, no nome, a amizade. Filosofia é amizade do saber. O filósofo não era um sábio, era um amigo do saber. É essa amizade do saber, esse amor pela verdade que devem constituir nosso norte ético.

Evitar o stress da SBPC

Há um ponto mais *interna corporis* da nossa Sociedade que acho importante assinalar. A Sociedade finalmente conseguiu equilibrar suas contas. Foram necessários vários anos para trazer resultados administrativos que nos dêem fôlego e nos capacitem a defender a ciência brasileira sem estarmos estressados com as dívidas da SBPC, inclusive fiscais. Considero importante manter essa conquista. Uma administração boa é imprescindível. É uma questão interna, como eu disse, que não basta para termos uma SBPC forte e politicamente responsável – mas que ajuda muito nesta direção.

Finalmente

São estes os pontos que me levam a propor uma SBPC atuante, com maior interlocução social. Sabemos todos – é mais que notório – que o avanço das sociedades científicas reduziu o lugar da SBPC como fórum de "alta ciência", e que a democratização do país diminuiu o seu papel como voz da sociedade. Consideramos também que é muito boa essa proliferação de vozes. Só lamentamos que com isso o ponto de encontro entre a inteligência e a política, entre a ciência e a democracia, que as reuniões anuais dos anos 70 e 80 proporcionaram, se tenha esvaziado. Não adianta querer reconstruir o tempo passado. Mas é possível ampliar nossa voz.

Isto se fará, como se expôs acima, construindo uma interlocução constante não só com a ciência e a tecnologia, mas também com a educação e a cultura, e sobretudo com a sociedade. Precisamos, os cientistas de todas as áreas, nos perguntar mais o que queremos dizer à sociedade. Não podemos ficar à espera de que a mídia e o Governo nos procurem e nos perguntem. Temos que nos indagar o que queremos dizer à sociedade, por meio dela. E podemos transformar as carências e necessidades de nosso país, que nos envergonham, numa oportunidade: a chance de que a ciência ocupe, na construção de uma sociedade justa e sem miséria, democrática, um lugar mais amplo do que teve em outros países ou do que desempenhou entre nós até hoje. Isso implica, aliás, dar força às secretarias regionais, bem como às iniciativas que procurem reduzir desigualdades no Brasil. E devemos ser o grande foro de discussão de ciência no Brasil.

Estou convencido de que a implementação da proposta que iremos construir juntos na direção de uma maior interlocução social é uma condição para o fortalecimento da nossa SBPC.

Este artigo, que foi minha plataforma, conheceu algumas diferentes versões. Foi bastante resumido, para aparecer na *Folha de S. Paulo,* que abriu sua página 3, já avançada a campanha, para que os três candidatos à Presidência expusessem suas idéias (aliás, cada um de nós foi convidado também a um almoço com o *publisher* do jornal, sr. Octavio Frias, e alguns jornalistas da casa). Quando começou a campanha pelo JCE, eu o dividi em quatro partes, e ainda cortei algumas passagens, para que coubesse nas sessenta linhas diárias que cada um de nós podia ter. Também saiu no *Jornal da Ciência* impresso. Mas esta é a versão primeira, a que entrou no site, a mais completa.

E aqui atropelo a ordem cronológica em favor da ordem das idéias, para incluir o artigo que Ana Maria Fernandes, candidata a Secretária, escreveu para a cédula eleitoral eletrônica. Cada um de nós tinha um espaço para defender suas idéias e, ao contrário da chapa concorrente, optamos por redigir textos diferentes. Ana Maria entrelaça sua vida e a SBPC:

POR QUE QUERO SER SECRETÁRIA

Ana Maria Fernandes

O objetivo da SBPC, assim como de outras entidades voluntárias do mesmo tipo, é o de mostrar a importância da ciência, da tecnologia e da inovação para a sociedade brasileira. No fundo é o de mostrar para o grande público e para os grupos dirigentes, o quanto o desenvolvimento da ciência pode contribuir para o desenvolvimento do país, e para a construção de uma sociedade mais rica, mas também mais justa, mais democrática e equânime. Para isto a SBPC tem clamado por mais educação e por mais democracia.

É importante também que esta Sociedade trabalhe no sentido de eliminar os "dois Brasis" e de eliminar as distâncias entre os diferentes grupos sociais. Educação, ciência, tecnologia e inovação podem ajudar a diminuir as distâncias entre as regiões, as classes sociais e os indivíduos, e constituir *um* Brasil.

Ao congregar cientistas das mais diferentes áreas a SBPC tem contribuído também para eliminar a distância entre as "duas culturas", isto é, a cultura científica de um lado e a humanística de outro. E, ao congregar os diferentes cientistas e todos os amigos da ciência, ela tem tido um papel importante ao exercer uma vigilância constante e também o poder de influenciar no rumo das políticas de CT&I (Ciência, Tecnologia e Inovação). Como intelectuais temos um projeto do país que queremos construir, do tipo de desenvolvimento econômico-político e social ideal para alcançar aquele projeto, e portanto temos a responsabilidade de influenciar nos rumos que o país toma. Todas estas visões de mundo são influenciadas pela nossa visão científica.

A sociedade brasileira está mais complexa, a ciência também, há mais atores participando das questões de CT&I. Observa-se atualmente o interesse de vários estados e até mesmo de municípios, assim como o de alguns empresários, no desenvolvimento científico e tecnológico. A SBPC tem sabido acompanhar esta complexidade e tem mantido o seu papel de Sociedade representativa dos interesses dos cientistas, do desenvolvimento da ciência, da autonomia de ambos para que possam pensar e contribuir para um Brasil mais desenvolvido e justo.

Estas eleições da SBPC assinalam um momento rico de debate sobre a mesma e o seu papel no Brasil hoje, assim como estimula o debate sobre o desenvolvimento recente da CT&I e dos seus novos rumos e necessidades.

Eu tenho o prazer de ter nascido no ano em que a SBPC foi criada e fiz minha tese de doutorado sobre *A Construção da Ciência no Brasil e a SBPC*, consultando as publicações desta Sociedade e acompanhando a sua brilhante atuação de 1948 a 1980, através de arquivos da sede, notícia da grande imprensa e entrevistas com vários presidentes de honra. Passei então a contribuir com a história desta entidade como Secretária Regional do DF, no momento de estruturação e criação da FAP-DF, membro do Conselho e como Vice-Presidente na atual gestão. Gostaria de continuar a atuar nesta história, como Secretária, e trabalhando em equipe com o Presidente Renato Janine, [e seguiam-se os nomes dos outros candidatos, que não vamos repetir todas as vezes...]. Pedimos o seu voto e contamos com a sua participação para o fortalecimento da SBPC, da comunidade científica e da sociedade brasileira.

3
Começa a Campanha: O Site

O site incluiu, além do manifesto acima, outros elementos. Teve uma fotografia minha, só de rosto, um close. Indicava os candidatos à Diretoria que me apoiavam. (Como na SBPC não se vota por chapa, mas por pessoa, não nos caracterizamos como chapa, mas como candidatos que compartilhavam um mesmo programa). Cada um de nossos candidatos poderia colocar ali seus textos de campanha, o que quase todos fizeram.

Alguns dias depois pedi que o webmaster do site, Leandro Siqueira, incluísse na home page uma chamada para nossos currículos de pesquisadores ("Quer saber quem nós somos? Consulte nossos currículos Lattes"). Ficava claro que nos caracterizávamos como pesquisadores disputando a liderança da sociedade das sociedades científicas. Nossa qualidade científica deveria, então, ser um diferencial, um fator que levaria os (e)leitores (ou devo dizer os e-leitores?) a medir seu voto antes de dá-lo. Todos temos doutorado, vários somos professores titulares ou pesquisadores 1-A do CNPq, o que são fatores geralmente levados em conta na área científica.

E o essencial: o site tinha como seu eixo uma seção fixa, "Idéias para a SBPC", onde eu escreveria os textos de campanha. Comecei com dois. Um tratava da natureza da eleição. Desde 1993, quando Aziz Ab'Saber venceu Moisés Nussenzweig, nossas eleições, que são bienais, tiveram um único candidato a Presidente – Sergio Henrique Ferreira em 1995 e 1997 (é permitida uma reeleição sucessiva) e Glaci Zancan, em 1999 e 2001. Esta era a primeira disputa pela Presidência depois de generalizada a Internet.

UMA ELEIÇÃO DISPUTADA

Esta é a primeira eleição, em dez anos, na qual há mais de um candidato a presidente da SBPC. Considero este fato muito positivo. É sinal de vida. Por isso mesmo, adotarei alguns princípios nesta campanha.

O primeiro é de respeito. Podemos divergir, mas é desejável lembrarmos que a SBPC não é um partido, nem nós nos devemos dividir por linhas partidárias. Conflitos, em eleições gerais, podem ser mais acentuados do que entre nós. Aqui, estaremos juntos depois do período eleitoral.

O segundo, e por isso mesmo, é o de conduzir uma *campanha de idéias*. Este site tem esta finalidade. Não vamos colecionar listas de apoios. Nomes próprios interessam menos do que idéias a colocar em comum. Temos idéias mestras, que estão expostas no programa. Elas serão discutidas, decantadas, enriquecidas. O espaço será aberto para os que apóiam esta candidatura participarem do debate, a fim de ampliar a voz da SBPC.

Faz tempo que sinto falta disso. Eleições universitárias tendem ou a se polarizar por linhas políticas e mesmo partidárias, ou a se dar em nome de grupos. Muitas vezes se diz uma coisa pela frente – idéias vagas e genéricas – e outras por trás, estas quase difamatórias. Falta, no Brasil, espaço e disposição para discutirmos idéias que mudem o país. É isto o que queremos desta campanha.

Alguns dizem que idéias não bastam para uma eleição. Mas estamos falando com pesquisadores. Se nós, que amamos o conhecimento, não formos sensíveis à discussão de idéias, quem o será? Como poderemos defender o poder das idéias, se não acreditarmos nelas?

Finalmente, o que conseguiremos com isso? Estamos disputando a presidência da SBPC, ou seja, a liderança política (não partidária) da ciência brasileira. Mas de nada adiantará vencer as eleições se não tivermos duas conquistas, que a nosso ver são as fundamentais. Primeira, uma *festa de idéias*. Que elas eclodam e floresçam. Segunda, uma disposição maior à participação. Precisamos aumentá-la. Mas só aumentaremos a participação das pessoas na sociedade – e em nossa Sociedade – se ficar muito claro que ela pode fazer uma diferença. Convido todos a isso: *a fazer uma diferença*.

O último texto de Idéias para a SBPC era sugestão de Carlos Vogt, que percebera a importância que teria, nos meses seguintes, a reforma na Previdência proposta pelo novo governo:

POSTURA FIRME NA PREVIDÊNCIA

Temos de preservar a ciência brasileira. Os pesquisadores do setor público – que são a maioria dos que fazem ciência no Brasil – foram submetidos a um enorme *stress* nos últimos anos, a pretexto das mudanças na Previdência Social. Isso levou muitos a anteciparem a aposentadoria, e a mesma ameaça volta agora a pairar sobre a área. Concordamos que há sérios problemas atuariais por enfrentar. Mas não podemos aceitar que a discussão da reforma na Previdência volte a ter o efeito, mais que perverso, de estimular pesquisadores a deixar as universidades.

Muitos professores e pesquisadores continuam trabalhando mesmo já tendo tempo de serviço suficiente para se aposentar, ou seja, trabalham *de graça*. Não há melhor prova de que o fazem por convicção e dedicação. Infelizmente, nos últimos anos os professores universitários do setor público foram bastante criticados por seus direitos previdenciários. O mesmo discurso agora reaparece. Isso pode desfalcar de maneira difícil de reverter o ambiente de pesquisa no País.

Qualquer reforma na Previdência deve ser feita de maneira responsável. Não tem cabimento fazer circular rumores, como o de prejuízo aos direitos adquiridos, que além de afrontarem a Constituição precipitam a retirada de profissionais capacitados, que acabam deixando ambientes consolidados de pesquisa. E deve ficar claro que não estamos defendendo privilégios particulares, mas preocupados com a preservação da melhor ciência que se faz no Brasil.

Outros Textos

Um traço característico de meus colegas de Ciências Exatas e Biológicas é que, quando lhes pergunto como é alguém que é reitor ou diretor de agência, eles, antes mesmo de opinarem sobre a qualidade de sua gestão política, comentam sua capacidade (ou não) como cientista. Em Humanas, separamos mais a qualidade científica e a política. Nas outras ciências, não. Ora, anos de freqüentação dos colegas de outras áreas me levaram a assumir esse ethos do cientista.

Por isso, sendo um pesquisador, considerei fundamental dar a meus possíveis leitores elementos de avaliar minha produção, ou seja, escritos meus. Isto não é simples, porque na área de Humanas o melhor geralmente está em livros, e cada vez que publicamos um deles o contrato com o editor proíbe, com razão, que sejam difundidos por outros meios. Por isso, dos seguintes livros só disponibilizei trechos:

- *Ao leitor sem medo – Hobbes escrevendo contra o seu tempo* (1984, 2a edição, acrescida de apêndices, Editora da UFMG, 1999), meu doutoramento;
- "As Humanas e sua aplicação prática" (1997), balanço de minha experiência na política científica, antes publicado na revista *Avaliação*, de Campinas, número 4 (14), p. 5-16, 1999 – e que, durante a campanha, saiu no livro *A Universidade e a vida atual – Fellini não via filmes* (Rio de Janeiro: Campus).
- *Quatro autores em busca do Brasil* (Rio de Janeiro: Rocco, 2000), org. por Leny Cordeiro e José Geraldo Couto, com entrevistas minhas, do

psicanalista Jurandir Freire Costa, do historiador José Murilo de Carvalho e do antropólogo Roberto DaMatta;

- *A Sociedade contra o social – o alto custo da vida pública no Brasil* (São Paulo: Companhia das Letras, 2000, Prêmio Jabuti de Ensaios 2001).
- "Erros e desafios da Filosofia no Brasil, hoje" (2002), que também saiu na íntegra em *A Universidade e a vida atual – Fellini não via filmes*.

Alguns artigos igualmente saíram, esses na íntegra:

- "Democracia versus República: a questão do desejo nas lutas sociais", que abre o livro *Pensar a República*, Belo Horizonte: Editora da UFMG, 2000 (org. Newton Bignotto);
- quatro artigos sobre a televisão, que publiquei entre 2000 e 2001 no jornal *O Estado de S. Paulo* e que farão parte de um livro no prelo, que talvez se chame Televisão, Ética e Democracia.

Finalmente, o webmaster Leandro Siqueira teve a idéia de fazer links para outros artigos meus:

- O projeto do curso de Humanidades da USP, elaborado em 2000, mas ainda em tramitação na Universidade, que se lê na página http:// naeg.prg.usp.br/humanidades/
- "A Universidade num ambiente de mudanças", resumo de várias idéias, que expus em encontro na ABMES em 2001 e saiu na revista eletrônica ComCiência, podendo ser lido na página http://www.comciencia.br/ reportagens/universidades/10.htm.

O site assim estreava. Mas ele também incluía textos de Carlos Vogt, candidato à reeleição como Vice-Presidente. Vogt foi reitor da Unicamp, é lingüista e poeta, editor da revista eletrônica ComCiência e presidente do Conselho Superior da Fapesp. Seus artigos estão adiante, no cap. VI.

4
A Campanha em Andamento

Aberto o site, tratava-se de municiá-lo. Pensei, como disse, em fazer dele uma "festa de idéias". Isto funcionou menos do que eu pensava. Houve descrença quanto a esse tipo de campanha. Mas isto me deixou feliz: ao longo da campanha, a estratégia que adotei – de um artigo novo por dia – surpreendeu e causou impacto. A tal ponto que o meu adversário procurou imitá-la, mas precisou, várias vezes, apenas listar nomes de quem o apoiava ou elencar datas de sucessos seus nos anos 80 e 90.

Além disso, muita gente está acostumada, mesmo nas áreas em que se escreve com maior freqüência, como nas Humanas, a não tematizar de público as divergências. Ora, estou convencido de que precisamos criar um espaço público, uma área comum, um terreno de encontro em que seja possível expô-las com franqueza – e com respeito. Em nossa área, o que os candidatos dizem costuma ser muito genérico – o que tem por efeito esvaziar a dimensão mais nobre da política. É então no mundo privado, no dos sussurros, que se diz o que passa por verdade – e que geralmente é alguma acusação. Parece decorrer disso que o espaço público seja o da superficialidade, e que a verdade seja sempre acusatória. Precisamos acabar com isso. Devemos ser mais francos– e mais respeitosos. Quando dizemos as coisas em público, não podemos insultar.

Lidar com a diferença de forma republicana, eis a questão.

O primeiro texto diário saiu em 28 de abril, apenas no site, porque o Jornal da Ciência E-mail ainda estava fechado para a campanha, e explicava estas convicções sobre a campanha e sobre a Sociedade:

COMO TRABALHAR COM A DIFERENÇA

A SBPC não trabalha com chapas nas suas eleições. Na prática, sim, alguns candidatos se reúnem em chapas. Este site, por exemplo, reúne candidatos a vários – mas não todos – cargos da Diretoria. É evidente que sempre temos pessoas mais próximas e que, juntas, se sentirão mais à vontade para trabalhar como equipe. Mas tomemos o *espírito* do que é *não* haver, em nosso Estatuto, chapas.

A idéia é que o nível de conflito que se expressa numa competição eleitoral – conflito este que é extremamente salutar, sob certas condições – não impede que, apuradas as urnas, todos nós estejamos no mesmo barco. Se for eleito Presidente, entendo que a Sociedade terá escolhido uma política determinada, a de uma SBPC com maior atuação social, e que nos caberá liderá-la. Mas haverá espaço, sob esta hegemonia, para a cooperação com aqueles que competiram nas eleições e não foram eleitos.

É este o sentido de eleições numa entidade como a SBPC ou numa Universidade. É isso o que as distingue da sociedade como um todo. E me atrevo a dizer: é por isso que, pessoalmente, prefiro este tipo de eleição. Ele pode ser mais construtivo. Ele nos ensina a lidar melhor com a diferença. Ele mostra que não devemos descartar aqueles de quem discordamos. Acho que, nas eleições propriamente políticas, há um desperdício, que está em os derrotados – inclusive alguns muito competentes – ficarem fora do Poder.

Penso que esta diferença se liga ao fato de que aqui lidamos com autoridade, mais do que com o poder. Mas disso trataremos amanhã, para dar um sentido de folhetim à nossa campanha, com textos diários ou quase. Por enquanto, uma convicção: podemos, até mesmo nós que estamos neste site, ter algumas diferenças de enfoque. E no entanto podemos colaborar bem, construir uma cooperação de bom nível.

Uma última palavra, hoje: eu disse acima que o conflito eleitoral é muito salutar, sob certas condições. Quais são estas? As óbvias. É preciso que haja respeito ao outro, honestidade no cumprimento das regras de campanha – e que esta se dê em função de *idéias e ideais*. Por isso não há sentido em atacar pessoas. O que está em jogo são projetos para a ciência brasileira. É o lugar dela na construção do Brasil. Venham as propostas, haja debates, é isso o que conta.

No dia seguinte, 29 de abril, saiu meu segundo texto, também lidando com princípios de campanha:

IDÉIAS E IDEAIS

Tenho sustentado a importância de uma campanha com idéias e ideais. Alguns acham isso idealista, no pior sentido do termo. A política – dizem – se faz com acordos, negociações, apoios. Têm razão. Mas pouca.

Em primeiro lugar: o que fazemos, ao disputar a Presidência da SBPC, não é política como a partidária. É uma política diferente. Não teremos dinheiro, cargos, mordomias. Não proibiremos as pessoas de fazer o que desejam. Nem as obrigaremos a fazer o que não querem. Não digo isso por modéstia. Ao contrário, o que temos é uma enorme ambição: mudar a agenda do que se entende por política da ciência, no Brasil. É ir além do Ministério da Ciência e Tecnologia. É ir além do próprio Estado. É disputar a hegemonia de idéias na própria sociedade brasileira. É conquistar para a ciência um quinhão significativo da conversa, do imaginário de nossos concidadãos.

O pensador italiano Antonio Gramsci, preso longos anos pelo fascismo, teve uma idéia que parece simples, mas é um ovo de Colombo: a questão fundamental não é mandar no aparelho de Estado, não é ter a polícia e o exército – é obter a hegemonia no pensamento, tão mais difuso, que percorre a sociedade. É isso o que pode dar peso a nós, que pensamos. Não temos nem teremos armas ou dinheiro, a força bruta ou o poder econômico. Mas temos as idéias.

Por isso, em segundo lugar: somos pesquisadores. Nossa matéria-prima são, de um modo ou de outro, idéias. Queremos que as pessoas em geral entendam o poder delas. Afirmamos que elas são mais importantes do que o mero dinheiro ou a força nua. Então, se não acreditarmos na autoridade delas para nos convencer, como poderemos convencer a sociedade da importância que elas têm?

Não podemos ter um discurso para fora, e outro para dentro. Não podemos imitar a sociedade como um todo no que ela tem de pior, isto é, na subordinação das idéias aos interesses. E é por isso que abrimos este site. A convicção é que seja possível expor aos sócios da SBPC visões do mundo, fazer que outras também se explicitem, e que eles – *vocês* – escolham, não porque simpatizam ou não com as pessoas, não porque pertencem a tal ou qual grupo, *mas porque concordam ou não com as idéias*. Isto é, com os diagnósticos. E com os ideais. Isto é, com as propostas.

No último dia de abril, saiu o terceiro artigo:

PODER E AUTORIDADE

Disse anteontem que as eleições na SBPC podem ter uma temperatura mais baixa de conflito porque – pelo menos assim penso eu – quem ganhar adquire a hegemonia na entidade, mas não deve descartar a colaboração dos que preferiram outras propostas. E isso nos distingue das eleições partidárias, nas quais o derrotado, mesmo sendo muito competente, é lançado no deserto.

A razão disso é que estamos lidando com *autoridade*, não com *poder*. Muitos confundem estas palavras. No começo do século XX, um oligarca brasileiro definiu o poder como sendo "o poder de prender e soltar, de nomear e demitir". Com a privatização das estatais e os concursos para a admissão no serviço público, decaiu o poder de nomear e demitir. Com o Estado de direito, prender e soltar deve depender do Judiciário e não do Executivo. Então, o poder mudou. É inegável que se tornou mais democrático. Mas continua sendo algo excludente. Quem tem poder, quem domina, obriga os outros a fazer – ou a deixar de fazer – coisas que seriam de sua preferência.

A autoridade é outra coisa. Poder se atribui por eleição, eventualmente por nomeação. Autoridade, não. O poder é político, e é justo que assim seja. A autoridade é moral ou intelectual. Posso adquirir autoridade por meu trabalho científico ou por minhas posições na discussão política. Posso adquirir poder pelo voto ou pelo Diário Oficial. São diferentes.

Numa sociedade democrática, como a nossa, o poder só é legítimo quando remonta ao voto. Um presidente, governador ou prefeito somente terá o direito de mandar se tiver sido eleito. No caso do reitor, é mais complicado. Uns condicionam sua legitimidade à eleição direta pela comunidade acadêmica. Outros acham que ele é legítimo se tiver sido escolhido pelo Estado democrático, no qual um governador ou presidente é eleito pelo povo para exercer determinada política. Mas, em ambos os casos, o voto é o que legitima, em última análise.

E a autoridade? Um erro na discussão das Universidades tem sido dar muita importância ao poder, e pouca à autoridade. É preciso, sim, arejar o ambiente, ampliar os colegiados que decidem. A discussão pública, a transparência, a responsabilidade perante instâncias determinadas – isso é muito importante. Mas o que conta mesmo, para quem lida com as idéias, é a autoridade de pensar.

O que pode então, o que deve fazer a SBPC? Lembrem a frase de Stalin, ridicularizando o Papa ("quantas divisões tem o Vaticano?"). Uma sociedade científica não tem exércitos, dinheiro, poder. Mas ela pode ter muita autoridade. É com isso que ela pode equilibrar as estruturas de poder e as instâncias partidárias que têm tanta influência

A CAMPANHA EM ANDAMENTO | 57

em nossa sociedade: com a autoridade da pesquisa. É preciso trabalhar em cima disso, construir meios para que esta autoridade se torne mais presente na sociedade como um todo. É preciso deixarmos claro onde está a qualidade das idéias e a generosidade dos ideais.

Neste começo de campanha, mantive uma periodicidade rigorosamente diária, de modo que no próprio feriado, 1º de maio, saiu mais um artigo:

SÓCIOS E NÃO SÓCIOS

Temos entre quatro e cinco mil sócios com direito a voto. Esperamos que vote o maior número deles. Mas esta campanha não deve ser dirigida somente a eles. Se passamos dez anos com candidatos únicos à Presidência – e agora temos três – esta deve ser uma oportunidade de ouro, para que a campanha à SBPC seja maior que a estrita filiação a ela.

A maior parte das pessoas chama de "SBPC" a Reunião Anual. E elas têm alguma razão. Nossa Reunião é um momento de entusiasmo, de transmissão à sociedade do que pensamos e queremos. E por isso é ótimo que tenhamos, agora, vários candidatos. Mas penso que o importante, mesmo, será que também os não sócios tenham sua opinião sobre a eleição. A ponto de lamentarem não ser associados, e se filiarem para participar da eleição de 2005. E, se eu for eleito, para participarem já da gestão que começará no Recife, em julho próximo.

Por que é importante a campanha ser maior que os sócios? Porque a SBPC não fala só para dentro. Ela não é corporativista. Ela não se limita a defender interesses. Ela sempre teve um projeto mais amplo que isso. Numa Reunião Anual, o então Presidente, Sergio Ferreira, teve a idéia – que foi um verdadeiro ovo de Colombo – de adotar como lema "A Ciência para o Progresso da Sociedade Brasileira". O que nos legitima é isso.

E por isso mesmo é importante dizermos, à sociedade, o que pensamos – e nos prepararmos para ouvir o que ela pensa. Amanhã desenvolveremos este ponto, tratando das primeiras iniciativas que pretendemos tomar, se tivermos a confiança dos sócios para dirigir a Sociedade no próximo biênio.

Sexta-feira, 2 de maio, era um dia improvável, estando fechado quase todo o país, a meio entre o feriado da véspera e o fim da semana. Saiu o quinto artigo, já dizendo o que faríamos para começar uma nova gestão:

NOSSA PRIMEIRA INICIATIVA

Tenho defendido a necessidade de aumentar o diálogo entre o nosso mundo, da pesquisa e da ciência, e a sociedade que está fora de nossos muros. A mediação deste diálogo deve passar pelo que, muito apropriadamente, se chama mídia. Ora, a primeira coisa a notar é que a mídia melhorou incrivelmente de nível, no que diz respeito às notícias sobre a ciência.

Os mais velhos lembram o pavor que sentiam quando, anos atrás, falavam a jornalistas. Corríamos a comprar os jornais ou revistas, com medo do que nos seria atribuído. Choviam, nas redações, cartas esclarecendo pontos equivocados. Ficávamos nervosos quando os desmentidos não eram publicados.

Hoje, a situação mudou para muitíssimo melhor. Os jornalistas científicos são altamente qualificados. Alguns deles têm doutorado. As pesquisas mais inovadoras aparecem em colunas regulares dos principais jornais. Muito disso se deve ao conjunto de publicações que a própria SBPC criou, com *Ciência e Cultura* e, mais tarde, *Ciência Hoje*, conjunto esse que mantém sua alta qualidade e deve ter continuidade. Mas é motivo de enorme alegria notar que a mídia científica vai muito além da mídia de nossa Sociedade, incluindo outras revistas nas bancas e editorias nos principais jornais do País.

O que farei, se for eleito, como uma das primeiras iniciativas da nova Diretoria será convidar os mais destacados jornalistas científicos

A CAMPANHA EM ANDAMENTO | 59

do País a se reunirem conosco e talvez com alguns pesquisadores de destaque. A idéia será ver quais pontos há de estrangulamento na boa comunicação da ciência com a sociedade. Mas o principal será difundir, entre os pesquisadores, uma pergunta simples mas essencial: o que você acha mais importante transmitir à sociedade, de tudo aquilo que você pesquisa ou pesquisou?

Queremos construir um público que, nas suas escolhas de vida, se sinta informado e formado pela ciência. Não só por ela, é claro: cada um tem seus valores éticos, seu modo de ser. Mas queremos que uma parte razoável dos elementos que as pessoas utilizam para fazer suas opções de vida seja formada pelo que há de melhor no conhecimento humano. Desenvolveremos amanhã este ponto.

O diálogo com os jornalistas científicos será, então, um primeiro ato, mas um ato cujo sentido estratégico é este: falar à sociedade. Disse, outro dia, que somos ambiciosos. Este é um exemplo.

Talvez num exagero, mas compreensível, no sábado, 3 de maio, saiu:

LIBERDADE E ESCOLHA

Cada um de nós é marcado por sua profissão. Como trabalho com ética e filosofia política, uma questão fundamental para mim é a da liberdade e da qualidade das escolhas. Temos *liberdade* quando podemos escolher. Temos *qualidade de escolha* quando dispomos de elementos para decidir nosso destino não só com uma liberdade externa, formal, sem repressão, mas também em bom conhecimento de causa.

Aqui entra um dos papéis mais importantes da ciência junto à sociedade em geral. É incrível quantas más decisões são tomadas, simplesmente porque falta informação e formação de qualidade. Não me refiro aqui a decisões tomadas por quem está no Poder. Penso nas decisões de quem os coloca no Poder, ou seja, o eleitorado, os cidadãos.

É necessário, quando se discute saúde pública, que as pessoas saibam o que a ciência tem a dizer sobre as epidemias. Quando se vota num candidato que promete segurança pública, que os eleitores conheçam o que as pesquisas revelam sobre a violência e o crime. Quando se discute o consumo de energia elétrica, que se saiba como ela se produz, a que custo econômico e ecológico. E podemos multiplicar os exemplos: estaremos todos de acordo em que há um enorme déficit de bom conhecimento por parte da sociedade brasileira.

Além das decisões políticas, há decisões pessoais, algumas das quais têm alcance moral. Também nesse campo, é fundamental que as pessoas conheçam o que a ciência revelou, para que melhorem a qualidade de suas escolhas de vida, na profissão e até no amor. A psicanálise, por exemplo, com a descoberta do inconsciente, mostrou que muitas decisões são governadas por motivações desconhecidas do próprio sujeito. Essa é uma contribuição fundamental, para que as pessoas deixem de ser joguetes de seu inconsciente e melhorem a qualidade das escolhas.

Divulgar ciência não é só transmitir conhecimentos. É fazer que a ação das pessoas em geral tenha melhor qualidade, seja emancipatória, libertadora. É fazer que os indivíduos sejam mais livres. Em inglês, a palavra *empowerment*, tão difícil de traduzir (alguns sugerem: *emancipação*), traz essa idéia de que as pessoas deixem de ser súditos para se tornarem sujeitos. Esse é um dos papéis sociais das ciências.

E no domingo, 4 de maio, foi a vez de:

CIÊNCIA, DIREITO OU MERCADORIA?

No mês de março, em dez dias eu fui procurado: 1) por uma colega, pesquisadora destacada em filosofia, que está montando uma ONG de transferência de conhecimento da Universidade para os leigos; 2) por um colega, que montou um site admirável de ensino à distância; 3) por um empresário de grande empenho ético, que pretende realizar este ano um encontro com pessoas de várias áreas, acadêmicos ou não, para pensar o futuro do Brasil; 4) por um empresário da televisão, que quer criar uma revista de pensamento brasileiro.

Não sei o que dará certo disso tudo – mas o que esses fatos indicam? Que há uma enorme vontade de transferir o melhor conhecimento, o científico, para a sociedade. Esta transferência pode visar ou não ao lucro. Pode ser gerida pelas empresas ou pela universidade ou por indivíduos. E está se dando de maneira espontânea, o que é muito bom. Mas também preocupante.

O que preocupa é que, numa sociedade capitalista, o "espontâneo" corre o risco de ser dominado pelas forças do mercado. Veja-se a Internet: ela é um admirável instrumento de democracia. Mas também é uma forte ferramenta de negócios, e parece que seu lado *business* está prevalecendo sobre sua dimensão de inteligência. O que fazer, então, para evitar que a própria inteligência se reduza a um *business*?

A modernidade começa, no século XVII, com uma idéia de Francis Bacon e René Descartes, entre outros, segundo os quais conhecimento é poder. Nunca essa afirmação teve tanto valor quanto em nosso tempo. Está no cotidiano. Cursos proliferam, de valor duvidoso, porque vendem a promessa de – conhecendo – se adquirir poder. Os Estados Unidos, a pretexto de defender a propriedade intelectual, fazem das invenções de seus cidadãos e de suas empresas um negócio altamente rentável.

Se conhecer é poder, e se o conhecimento é vendido como qualquer mercadoria, então a conseqüência será que quem puder pagar mais conhecerá mais, e terá cada vez mais poder. Mas notemos que neste silogismo só o começo (conhecer é poder) corresponde a uma realidade efetiva. A continuação – a idéia do conhecimento como mercadoria – é uma paisagem histórica determinada. *O que devemos fazer é evitar que prevaleça a idéia de conhecimento como mercadoria.* Ela pode ter seu papel, mas não decisivo.

Nossa proposta: a SBPC deve assumir a discussão das relações entre a crescente demanda social por conhecimento qualificado e a oferta deste último. Ela deve fazer que os geradores de saber científico – nossos pesquisadores – se articulem, discutam, pensem o que querem transmitir à sociedade e em que termos. Deve equilibrar o poder do dinheiro construindo um poder dos que produzem conhecimento. E deve deixar claro que temos uma responsabilidade, por esse conhecimento, em face da sociedade.

Na segunda-feira, dia 5 de maio, começava a campanha "oficial" – isto é, naquele dia as páginas do JCE se abririam aos candidatos. Esse foi um dos grandes erros, a meu ver, da maneira como a SBPC pensou a campanha: esperou mais de dois meses depois da indicação dos candidatos para que seu principal veículo fosse posto à disposição deles. Isso significa favorecer a conversa de corredores (que criticarei, num dos últimos textos de campanha) em detrimento da ágora virtual que a Sociedade tem. Podem vocês imaginar meu espanto quando soube que não teria acesso aos e-mails dos sócios para lhes enviar mensagens? Em que mundo estamos, em que mundo estávamos?

A Presidente Glaci Zancan, que sempre respeitei e continuo respeitando, porque a duras penas colocou as finanças da SBPC em ordem, sugeriu-me que a Sociedade desse, a cada candidato, um ou mais jogos de etiquetas com os endereços *postais* de todos os sócios. A SBPC não teria, pensava ela, meios de enviar e-mails dos candidatos a todos os eleitores. Ora, não só essas etiquetas impressas sairiam mais caras para a Sociedade, como implicariam que cada candidato tivesse uma despesa nada pequena com envio de cartas pelos correios.

Pormenorizo este ponto para ficar claro que os novos meios de comunicação – no caso, o e-mail – não são ainda óbvios nem para todos nós, na academia, justamente onde se inventou e cresceu a Internet. Fazer uma campanha por meio dela não era fácil. E, como meu programa era longo, precisei abreviá-lo e dividi-lo, de modo que do dia 5 até o dia 8, ou seja, da segunda-feira até a quinta-feira, todo o meu espaço (sessenta linhas diárias) foi ocupado pelo programa, em capítulos.

Isso não me preocupou, porém. Cada dia, remetia ao site. Os leitores poderiam acompanhar no JCE o programa, e enquanto isso ler textos novos no site.

O primeiro deles se referiu às publicações da própria SBPC. Um dos grandes divisores, na Sociedade, se dá entre a mídia baseada no Rio de Janeiro, a partir da revista *Ciência Hoje*, a grande realização de Ennio Candotti, pela qual sempre lhe prestei a merecida homenagem, nos anos 80 – e o restante da Sociedade, sediada em São Paulo, o que inclui não só a sede nacional, mas também uma mídia igualmente de qualidade. Fiz questão, contra rumores de que desejaria extinguir algo da mídia publicada no Rio, de explicitar que era e sou a favor dela. Mas não deixei de falar na necessidade de que as contas das nossas publicações sejam equilibradas. Sem isso, voltaríamos ao *stress* que pesou sobre nós durante vários anos, e que Aziz Ab'Saber (1993-95) e Sergio Ferreira (1995-99) tentaram resolver.

Em 5 de maio, segunda-feira, publiquei então:

A MÍDIA DE NOSSA SOCIEDADE

Temos insistido na importância de uma relação mais forte entre o mundo da ciência e o da mídia em geral. Mas não podemos esquecer que já dispomos, construída ao longo de meio século, de uma mídia que pertence à própria SBPC. *É nosso compromisso fazer todo o possível para mantê-la e aprimorá-la.*

Nosso título mais antigo é *Ciência e Cultura*. Infelizmente, essa revista teve dificuldades ao longo dos últimos anos. Mas um dos grandes feitos da gestão atual – e especificamente do vice-presidente Carlos Vogt, que concorre à reeleição apoiando-nos – foi dar-lhe uma nova vocação. Ela está primorosa, voltou a sair em português, soma a qualidade a um direcionamento didático de nível de pós-graduação, e assim deve continuar.

Ciência Hoje, criada há duas décadas, teve e tem um papel importante na divulgação científica entre nós. Considero-a a melhor revista brasileira de seu perfil. Nada temos contra *Super-Interessante* ou *Galileu*, ao contrário: é ótimo dispormos de várias revistas de difusão da ciência. Mas é bom lembrar que tal gênero foi desbravado e aberto por *Ciência Hoje*. Como essa revista se defronta com problemas crônicos de ordem econômica, é desejável que consigamos os recursos para mantê-la de maneira serena e sem preocupações.

Ciência Hoje das Crianças é também uma iniciativa que deve ter continuidade. Precisamos conquistar para a ciência os pequenos, e é o que esta revista faz. Também é importante o *Jornal da Ciência*, tanto na sua versão em papel, quanto na sua edição diária, em meios eletrônicos. Aliás, pela Internet também temos – a custo zero para a Sociedade – a *ComCiência* [página eletrônica www.comciencia.br], de periodicidade mensal.

Nosso compromisso é defender a riqueza de nossa mídia. Deveremos, claro, discutir constantemente como a aprimorar. Estamos numa fase de mudanças contínuas, em larga medida ligadas ao progresso da ciência, e não podemos deixar nossos órgãos de comunicação envelhecerem. Precisaremos, também assegurar recursos que dêem continuidade a esses empreendimentos. Faremos o máximo possível nesta direção.

No dia 6, foi a vez de pôr a limpo minhas preferências partidárias, e de deixar claríssimos quais são os seus limites. Este foi um ponto, a meu ver, muito importante: por um lado, total transparência das convicções políticas; por outro, completa distinção entre escolhas pessoais e outras, que são da instituição.

CONVICÇÕES POLÍTICAS SÃO PESSOAIS

Cada um de nós tem suas convicções políticas. É bom que um candidato a Presidente da SBPC exponha as suas. É fundamental, porém, que se entenda que elas são pessoais, isto é, que em hipótese alguma eu, se for eleito, farei o meu voto nas eleições públicas interferir na ação da Sociedade Brasileira para o Progresso da Ciência. Este artigo pretende assim ser um sinal de transparência e clareza, na delimitação entre o papel do cidadão e o do candidato a dirigente da principal sociedade científica do País.

Desde o segundo turno de 1989, quando votei em Lula para Presidente da República (no primeiro turno, havia sufragado o nome de Mário Covas), tenho votado no PT, para quase todos os cargos, embora não para todos. Nos segundos turnos que houve, sempre votei no candidato mais à esquerda, fosse ele do PT ou do PSDB.

Escrevi vários artigos na imprensa em defesa do *impeachment* de Collor. Em 1993, estive entre aqueles que torciam por uma aliança entre esses dois partidos, que teria levado à Presidência da República, em 1994, Luís Inácio Lula da Silva, e ao governo de São Paulo, Mario Covas. Não deu certo. (Expus esta questão em artigo recente, para a excelente revista de Lisboa, *O mundo em português* [endereço www.ieei.pt], que poderá ser lido clicando aqui [isto é, na página www.ieei.pt/index .php?article=726&visual=4]). Mas a esperança valeu.

A convicção que me inspira na escolha de meus candidatos é que sejam os mais adequados para a defesa da justiça social e da decência no governo. Isto quer dizer, também, que não considero um candidato melhor porque ele é do PT (ou, se não houver petista no segundo turno, porque é do PSDB), mas que voto no PT (ou, em segundo lugar, no PSDB) por considerar que tem o melhor candidato.

A diferença pode ser sutil, mas não é pequena. Meu voto é sempre condicional. Não é o voto de um militante, que nunca fui. Jamais me filiei a um partido político, talvez por simples acaso, mas o fato é que com isso preservei um direito que – pessoalmente, sem querer que outros concordem comigo – prezo muito: a independência do cidadão em face dos partidos.

O militante, o filiado a um partido, vota no candidato de seu partido mesmo que saiba que ele não é o melhor. Ele apóia uma ação de governo, mesmo que discorde dela, porque sua agremiação assim decidiu. Eu respeito essa disciplina partidária por parte dos que têm partido, mas não ajo deste modo. Se votei e voto na esquerda, é por considerá-la melhor, mas repito: nada disso é uma garantia de que sempre votarei no partido tal ou qual.

Max Weber teve muita razão quando, oitenta anos atrás, distinguiu a vocação do cientista e a do político. O político tem compromissos com resultados, que exigem dele uma certa disciplina. O cientista – ou o intelectual – deve ter compromissos sobretudo com certos valores, que incluem a verdade. Isso não quer dizer que o político deva mentir, nem que o cientista deva alienar-se da realidade. Mas são prioridades distintas. Não deixarei meu voto político interferir nas questões da SBPC, até pela simples razão de que não voto por disciplina nem por amor a um partido, mas pelo que acho melhor – conforme as eleições sejam municipais, estaduais ou federais – para minha cidade, meu Estado e meu país. Continuo amanhã.

Há uma diferença bem clara entre um físico e um filósofo assumir a presidência da SBPC. O cientista de exatas ou biológicas terá, na liderança de uma sociedade, um discurso bem diferente daquele que é o de sua pesquisa. Os assuntos que ele estuda com rigor científico são uns; suas posições políticas, no tocante à sociedade como um todo ou à entidade em particular, são outras. Sua ciência é uma, sua opinião é outra. Mas tudo muda, quando o dirigente vem da filosofia política – ou da ciência política, por exemplo. Aqui, a pesquisa convida a ser aplicada. Dará para separar minhas idéias, minha teoria, da prática que eu tiver em nome da Sociedade? Esta dúvida me fez vacilar, antes de aceitar a candidatura. Pensava que poderia precisar calar-me, durante o mandato inteiro, sobre questões que para mim são candentes – "para mim", aqui se entenda, não como indivíduo privado, mas como pesquisador. Se acabei aceitando a candidatura, foi por achar que valia a pena e que, além disso, seriam mínimos os casos em que talvez eu precisasse distinguir minhas idéias pessoais e as posições da Sociedade. Mas a questão é importante.

Em 7 de maio, continuei o assunto:

TRANSPARÊNCIA NA RELAÇÃO COM OS PARTIDOS

Ontem disse que voto, desde 1989, no PT – e, no segundo turno, quando não há candidato petista, no PSDB. Esclareci, porém, que não sou e nunca fui filiado a partido algum, e que não voto por causa do partido, mas porque considero seus candidatos – e acessoriamente os tucanos – os mais empenhados na luta pela justiça social e pela decência no exercício do poder. Em obediência ao mesmo princípio de transparência que me levou a escrever o artigo de ontem, hoje desenvolvo o assunto.

Três anos atrás, por meio de um amigo ligado à direção do PT, propus que esse partido realizasse um seminário que discutisse o seguinte: como disputar as eleições com alianças diferentes, conforme o nível de governo. Lembrem que em 1998, enquanto o PT e o PSDB se opunham na disputa presidencial, eles se uniram em alguns Estados já no primeiro turno (o Acre, onde venceram as oligarquias) e em vários outros Estados ainda no segundo turno.

Disso, eu concluí que as alianças federais não são as mesmas que as estaduais/municipais. No plano do Estado e do Município, as coligações muitas vezes são as mesmas, mas não entre o Estado e a União. Por que? Porque no âmbito federal as posições em política econômica tinham aproximado o centro (o PSDB) da direita, ao passo que no plano estadual e municipal a antiga aliança contra a ditadura continuava aproximando o centro e a esquerda (o PT), que tinham lutado, juntos, contra o autoritarismo. Daí que nos anos de Copa do Mundo, quando elegemos Governadores e Presidente, na verdade estejam se realizando pleitos diferentes, em torno de questões distintas.

Como então lidar com alianças distintas? Para isso, propus um seminário internacional, que aproveitasse a experiência alemã no assunto. O encontro não deu certo, o que lamento. Penso que, se tivéssemos avançado nesta direção, teria sido difícil o Tribunal Superior Eleitoral impor, a meu ver inconstitucionalmente, a verticalização das coligações. Esta foi a minha única aproximação à cúpula do PT.

Em relação a questões mais propriamente nossas, isto é, de C&T e de Educação, direi o seguinte. O governo passado teve uma iniciativa muito boa, que foi a ênfase no sistema de avaliação, por exemplo, na área de Educação. Infelizmente, o PT e os sindicatos se opuseram a isso. Mas o governo passado também teve uma atuação muito errada, que foi não ter tirado as devidas conseqüências da avaliação. Como as Universidades públicas foram as que se saíram melhor nos indicadores apurados, deveriam ter sido recompensadas – e não punidas.

Esse é um exemplo de tomadas de posição. Já me expressei, neste site, sobre a questão da Previdência Social. A SBPC não é um sindicato, e não lhe cabe a defesa – legítima, mas a ser conduzida pela entidade sindical – dos direitos dos funcionários públicos. Mas a SBPC deve questionar a repercussão da reforma da Previdência na qualidade da ciência brasileira. Tudo indica que assistiremos a mais uma reforma ditada só por imperativos atuariais, e que não levará em conta a qualidade da pesquisa.

Infelizmente, parece que Ciência continua não sendo considerada como investimento, e sim como despesa. Estes são pontos bem precisos, em que deveremos alertar o Governo para o que consideramos serem seus erros. Por outro lado, estaremos solidários com as propostas que pretendam melhorar nossos indicadores em matéria de alimentação, residência, emprego, inteligência, liberdade. É este o nosso compromisso de campanha.

No dia 9, dois impactos. O primeiro foi que, consultando os relatórios de visitação ao site, dei-me conta que ela era pequena. Não daria, então, para manter dois veículos de difusão, um que seria o JCE, outro, que seria o site. O site teria que se ajustar à mídia da SBPC. Não haveria grandes contingentes de leitores que, diariamente, fossem consultar a novidade no site. Esta foi uma decepção. Daí, decidi que desde então publicaria todo dia os textos nos dois lugares. Isso significava só escrever nos dias úteis, porque nos fins de semana e feriados o JCE não circula. Mesmo assim, o site continuava valendo. Era elegante. Juntava todos os textos.

O segundo impacto fui eu mesmo que causei. Estava convencido de que tudo deveria ser dito. Por isso, mandei um artigo para o JCE e o publiquei no site, que deflagrou a primeira polêmica entre nós e o principal adversário. Isso vocês verão daqui a dois capítulos.

5
A Mídia Alternativa

Tão logo começou o site a funcionar, recebi alguns convites de entrevista, geralmente on line. O Boletim da FFLCH, dirigido pela jornalista Baby Siqueira Abraão, é uma publicação eletrônica que começou durante a longa greve dos alunos da Faculdade de Filosofia, Letras e Ciências Humanas da USP – faculdade em que leciono, no departamento de Filosofia – em meados do ano de 2002. Chamou-se BG, Boletim da Greve. Terminado o movimento com amplo sucesso (conseguiram dezenas de novas contratações para o quadro docente), converteu-se em BF, Boletim da Faculdade. Não é portanto, apesar do nome, uma publicação oficial da instituição. A Comissão de Comunicação que o edita é de alunos. A jornalista me mandou uma série de perguntas, que respondi e que ela enviou, por e-mail, às pessoas que recebem o Boletim:

ENTREVISTA AO BOLETIM DA FILOSOFIA

Boletim da FFLCH, Publicação eletrônica da Comissão de Comunicação da FFLCH. Edição Especial – 8/5/2003

Para onde vai a SBPC?
Semana que vem começa a votação para a eleição da nova diretoria da Sociedade Brasileira para o Progresso da Ciência. Renato Janine Ribei-

ro, professor de Ética e Filosofia Política do Departamento de Filosofia da FFLCH, é um dos candidatos à presidência, com um programa que enfatiza a atuação social da SBPC. Em entrevista exclusiva ao BF, ele fala sobre seus planos para a entidade.

Entrevista a Baby Siqueira Abrão

BF: Você aceitou ser candidato à presidência da SBPC mas recusou-se a participar da eleição para reitor da USP. Por que essa, digamos, preferência? A USP também não mereceria atenção? Contar com um reitor ligado à área de Humanidades não equilibraria a "balança" uspiana, hoje francamente favorável às outras áreas, como ficou patente durante a greve da FFLCH do ano passado?

Renato: Também não aceitei convites para ser secretário da Educação da cidade de São Paulo e para presidir a Biblioteca Nacional. Aceitei concorrer à SBPC, talvez, porque é um cargo com autoridade mas sem poder. O poder geralmente se caracteriza porque se manda o outro fazer (ou deixar de fazer) alguma coisa. A autoridade, por sua vez, tem sempre uma conotação moral. O poder se toma, se conquista, se elege. A autoridade, não. Ela tem a ver com a qualidade do que se faz. Tem a ver com uma liderança de saber ou de sabedoria.

Ora, acho que a SBPC pode desempenhar um papel importantíssimo no Brasil conduzindo algumas discussões básicas, em torno de idéias e ideais. Como eu tinha acabado de escrever um livro que sairá nos próximos dias – *A Universidade e a vida atual*, que eu queria chamar *de Fellini não via filmes*, mas ao qual a editora Campus preferiu dar esse título – aceitei a candidatura, acreditando que assim poderei, primeiro como candidato e depois (espero) como Presidente, contribuir para mudar a agenda da discussão sobre a pesquisa e a Universidade em nosso país.

Pertencer à área de Humanidades também é importante, mas não no sentido de uma oposição às demais Ciências – e sim para dissipar mal-entendidos. É injusto, sim, que em mais de meio século de SBPC e em vinte ou trinta anos de participação das Humanas no interior dela não tenha havido nenhum Presidente proveniente de nossa área. (Não esqueçamos, porém, que a professora Carolina Bori é psicóloga e o professor Aziz Ab'Saber, geógrafo, e que foram dois notáveis presidentes nossos. Mas ambos têm um trabalho científico mais próximo das chamadas ciências "duras" do que das Humanas.) Costumo dizer que há uma boa e uma má notícia, no tocante à relação entre as Humanas e as demais ciências. A má notícia é o preconceito recíproco. A boa notícia é também o preconceito recíproco – isto é, o fato de que se trata apenas de um preconceito, que poderemos (e deveremos) dissipar.

BF: Um dos pontos de honra de seu programa é o papel social da ciência e do cientista. De que modo a SBPC poderia estimular um trabalho científico mais voltado às necessidades sociais? Se isso, por um lado, é mais do que urgente num país como o nosso, por outro não levaria a privilegiar ainda mais a pesquisa nas áreas técnicas, em detrimento dos demais campos do conhecimento?

Renato: É um erro considerar que o compromisso da Ciência com a sociedade deva se dar em termos utilitários. Não penso que a Universidade deva adestrar para o mercado de trabalho – isso, o próprio mercado pode fazer melhor do que nós. Qualquer jornal decente treina um jornalista em poucas semanas ou, no máximo, meses. O que ele não faz é preparar um espírito crítico, uma formação mais ampla. Essa é a tarefa da Universidade.

Por isso mesmo, temos que pensar "sociedade" no seu sentido mais amplo e rico. Não se trata de um pseudônimo para as empresas. Esclareço: nada tenho contra as empresas. Até hoje, não se encontrou melhor meio do que elas para converter em bens e em serviços as descobertas científicas. Mas tenho três esclarecimentos a fazer. Primeiro: a empresa e o mercado não prescindem do Estado – ao contrário, só existem havendo Estado. Desde os inícios, os mercados eram instituídos à sombra de um príncipe, que dava segurança aos mercadores e seus clientes. Não dá, então, para falar em Estado mínimo, ou para pôr o Estado a serviço do mercado. A esfera política sempre foi a condição para a econômica funcionar.

Segundo: a empresa não precisa ser de propriedade privada. Pode haver formas cooperativas de produção, que devemos levar em conta e mesmo apoiar. O mercado, sim, me parece importante. Sem alguma competição, a economia se degrada, como foi o caso nos países comunistas. (Lembra o caso dos cigarros que precisavam ser segurados na horizontal, para que a nicotina não caísse no chão?). Mas a concorrência poderia ocorrer entre empresas que não precisam ser, todas, de propriedade privada.

Terceiro: a sociedade é mais do que as empresas. O conceito de sociedade inclui movimentos sociais, relações de gênero, questões étnicas. Já desenvolvi esta idéia em vários lugares e por isso aqui apenas a menciono.

Penso que apostar na relação entre a Universidade e a sociedade pode ser uma excelente ocasião de ampliar a discussão – e o esclarecimento – a esse respeito. Não gosto de ver tantos colegas de Humanas com receio da abertura da Universidade para a sociedade. Penso que devemos, em vez de temer isso, tomar a iniciativa de propor essa abertura. Só que deixando claro que a sociedade é muito mais que o mercado. Evidentemente, esse "só que" muda toda a agenda usual! Meu projeto é que saiamos da defensiva e sejamos propositivos. (Não uso o termo "agressivos" porque o acho desnecessariamente estúpido).

BF: Há outro problema em relação às áreas de humanas. Assusta ver o uso que delas se tem feito, por exemplo, nos departamentos de RH de algumas empresas. Temas como ética, responsabilidade social, relações com a sociedade são encarados como instrumentos para valorizar a imagem institucional da empresa, para estimular a produtividade e para uma geração maior de lucro. Não estamos perdendo com isso a verdadeira dimensão das humanidades? Não há uma inversão completa de valores quando elas são utilizadas com a finalidade de servir ao capital em vez de servir à sociedade, de atuar com autonomia, de desempenhar seu papel crítico?

Renato: Não sou tão radical. Acho que o próprio uso desses termos atesta a importância deles. Veja: até 1939, a palavra "democracia" nem sempre era elogiada. Muitos políticos, até mesmo eleitos, negavam ser democratas. Mas, com a luta contra o Eixo nazi-fascista, os Aliados – e, depois de 1945, as Nações Unidas – se proclamaram, todos, democratas. É claro que houve muita ditadura se dizendo democrata, mas a longo prazo isso significou que não havia mais como reter a onda democrática. A longo prazo, claro. A União Soviética assinou, em meados dos anos 70, os acordos de Helsinki estabelecendo os direitos humanos na Europa, sem a menor intenção de cumpri-los. Mas essa mera assinatura reforçou os movimentos dissidentes no interior daquele país. A nossa "democracia relativa" dos tempos dos militares também precisou abrir espaço para esse ideal, esse desejo cada vez mais intenso, que era e é o de liberdade.

Isso significou que era possível radicalizar o discurso existente. Algo equivalente me parece existir na retomada do discurso forte das Humanidades por parte do mundo empresarial. Ele chega muitas vezes como álibi, mas seus potenciais são enormes. O que nos cabe fazer, então? Mostrar o que há de insuficiente nesse discurso. Radicalizá-lo.

Temos muitos alunos, até mesmo em Filosofia, que trabalham em empresas. Por que não discutir isso com eles? Por que não propor que o álibi se torne verdade?

Tenho sido muito convidado a falar sobre Ética, já que sou professor titular de ética e filosofia política na USP. Meus anfitriões às vezes são de empresas, outras vezes são profissionais liberais, mas sempre ansiosos por saber o que é ético e o que não o é. O que lhes digo? Que não há um código de ética pronto. Que os códigos de ética são, eles próprios, insuficientes, porque a ética exige que cada um de nós duvide das regras prontas, por melhores que elas sejam – e que cada um de nós se torne um sujeito ético, decidindo e correndo o risco de suas decisões. O que digo a meu público, portanto, não é exatamente o que ele espera – e no entanto sou bem recebido e creio que esta mensagem passa. Assim, se o mundo da empresa está assumindo velhos temas nossos, o lado bom disso é que temos o que lhe dizer, e que provavelmente ele nos escutará. Se houver discordâncias, ruídos, demoras, é esse o menor problema. Muito pior era quando nem havia diálogo.

BF: Você fala na importância do papel das ciências humanas e das humanidades no avanço da consciência democrática do país. É um fato inegável. No entanto, esse trabalho pode vir a se perder diante do atual quadro da educação no país, recentemente divulgado pelo MEC. Os alunos do ensino médio e fundamental não conseguem entender o que lêem nem fazer as operações matemáticas mais elementares. Esse é um dos reflexos do descuido (para dizer o mínimo) dos poderes públicos para com a educação básica. Que democracia se pode construir a partir de um cenário como esse? Sem estímulo ao raciocínio lógico, ao pensamento crítico, sem nem mesmo conseguir organizar as palavras em idéias que façam sentido, como essas crianças vão se desenvolver? Que espécie de futuro estamos construindo? A SBPC não deveria pôr o dedo nessa ferida? Por que insistir tanto na academia e deixar o ensino básico de lado?

Renato: Isso é extremamente inquietante. Acrescento um fato: de uns cinco anos para cá, noto que as pessoas não sabem o que quer dizer esquerda ou direita. Não estou falando em política, mas em direções no espaço vivido. Achei notável que André Singer, nosso colega da Ciência Política da USP, que agora é porta-voz do Presidente da República, sustentasse em seu último livro que os brasileiros têm noção do que é direita e esquerda na política. Mas, se não o sabem no espaço imediato... Pergunte, na rua, como chegar a algum lugar. Muitos dizem: "siga direto", só que com a mão fazem uns gestos que são o que define a direita ou a esquerda. Mais um exemplo para mostrar como é grave a situação.

Na verdade, nossa sociedade tem bem pouco apreço pelo conhecimento. A mídia televisiva, no Brasil, faz um certo elogio da ignorância, nos seus programas nobres. Depois, é claro que ela compensa sua ação com uma série de programas culturais, mas estes ocupam menos espaço na cabeça do público do que o relativo desdém pelo conhecimento, o que, aliás, nos vem da cultura de massas norte-americana. Há que rever isso. Há que lutar contra isso.

Evidentemente, a Universidade tem que se interessar pelo que se faz em termos de ensino elementar e médio. Já há muitas pesquisas sérias nessa área. Há muita gente estudando as necessidades e desejos dos alunos da rede pública, mas falta apoio político para que esse conhecimento resulte em avanços positivos na prática. Os professores do setor público são mal pagos, e isso acarreta um sem fim de problemas, incluindo dificuldades para que eles se atualizem intelectual e culturalmente. Você um dia comentou comigo que há toda uma discussão básica sobre educação, no Brasil, que não é feita – como se a educação se limitasse ao prédio físico da escola e à habilitação de professores para um modelo de ensino conhecido e consagrado. Não concordo totalmente com isso. Penso que essa discussão e esses estudos existem, em larga medida. O que falta é que sejam divulgados, levados mais à ágora e, sobretudo, convertidos em políticas públicas. Já se discute que tipo de educação elementar e média se almeja, para quê e para quem, mas penso que isso se faz sobretudo nos programas de pós-graduação em Educação. É preciso ampliar essa discussão para a academia em geral, e para a opinião pública. A SBPC deve dar sua contribuição neste sentido.

De todo modo, me recuso a opor ensino superior e elementar. O governo passado fez muito isso, insistindo em que o investimento – imprescindível – no ensino elementar se devia fazer às custas do ensino superior. Discordo. O que realmente é preciso é entender – e fazer – que o dinheiro aplicado no ensino superior seja investimento, e não gasto.

Melhor dizendo, quando ele é bem gasto, não é gasto, é investimento. O problema é que várias ou muitas vezes, não sei, não é bem gasto. Daí, a importância da avaliação. Isso, o governo anterior percebeu. Uma série de iniciativas, das quais a mais conhecida é o Provão (que, por si só, é muito insuficiente), procurou verificar melhor o que se fazia bem – e mal – nas Universidades. Sou a favor dessa mensuração. O problema é outro: é o que se fará com ela. O governo passado utilizou erradamente o mapa de qualidade que ele obteve. Em vez de recompensar quem faz melhor pesquisa (no caso, Universidades públicas) e punir quem a faz mal, ele castigou as Universidades federais. Defendê-las, no que fazem bem, é um dos compromissos de minha candidatura.

Mas fique claro que a SBPC não é um sindicato. Os sindicatos, a começar pela Andes, agem corretamente ao defender os interesses de suas categorias. Mas não é missão da SBPC defender os interesses dos pesquisadores – e, sim, o valor da pesquisa. Voltamos ao começo da entrevista: a SBPC pode ter autoridade porque é movida por um ideal, o do conhecimento científico.

BF: O debate sobre os programas das universidades públicas brasileiras é mais do que necessário, em especial no tocante à responsabilidade social do aluno. Definitivamente, o diploma do estudante de universidades públicas não é patrimônio pessoal. Há uma sociedade na base desse ensino, financiando-o e recebendo muito pouco em troca desse esforço. Como a SBPC poderia estimular esse debate? Como fazer para que ele não caia no vazio das boas intenções programáticas? De que modo a SBPC poderia ajudar a transformar boas intenções em medidas concretas?

Renato: Fico contente de você concordar com uma tese minha que pode suscitar resistências: acho que boa parte dos egressos das Universidades públicas considera que o diploma é propriedade privada, com a qual farão o que quiserem, sem nada dever nem à Universidade nem à sociedade. Penso que a SBPC pode agir aqui de duas formas.

Primeira, divulgando este diagnóstico que proponho, e mostrando como é horrível uma sociedade desigual (a brasileira) ainda conhecer esse agravamento da desigualdade, que é a desresponsabilidade social, o fato de que o individualismo e a ganância aqui são tão grandes que pioram o mapa da injustiça social ao somar-lhe o uso patrimonialista da formação universitária.

Segunda, propondo que se discutam os currículos de graduação. Por exemplo, uma faculdade pública de Direito deve ter como um de seus carros-fortes, na graduação, os Direitos Humanos. Dá ela mais ênfase a eles ou ao direito tributário, ao comercial, aos contratos? Uma faculdade de Medicina prioriza quais especialidades? Não se trata de eliminar nada do conhecimento, nem de obrigar os alunos a serem altruístas. Mas, se daqui a alguns anos tivermos conseguido que o aluno egoísta sinta alguma vergonha de suas opções, já será alguma coisa. Porque, hoje, ele privatiza um bem público – que é a formação recebida por ele – sem ter sequer noção de que está praticando uma infâmia.

BF: Quando você diz que é preciso discutir para quê e para quem é dirigido o ensino, coloca a questão no campo filosófico. Não é exatamente isso que está faltando à área de ensino e pesquisa do país? Um debate ético, de princípios, que questione os objetivos do conhecimento que produzimos, reproduzimos e divulgamos? Esse debate está intimamente ligado à visão política da ciência e do cientista. Que país temos em vista ao fazer ciência? Quais nossos compromissos, como estudantes e cientistas, em relação aos problemas internos da nação (saúde, educação, saneamento, técnicas baratas de construção popular etc.), por um lado, e, por outro, à autonomia e à soberania do Brasil no cenário internacional? Que papel teria a SBPC numa discussão como essa?

Renato: Falta este debate, sim. Falta, na verdade, debate. Acompanhei de perto três sucessões reitorais na USP. Nos textos que os candidatos distribuem, você não capta maiores diferenças. Todos prome-

A MÍDIA ALTERNATIVA | 79

tem muito. Mas, por trás, conversando com quem os apóia, você fica sabendo mais coisas. Por que estas não vêm a público? Porque, infelizmente, vivemos ainda uma cultura política pobre, na qual em público se dizem generalidades e simpatias, e em privado se recitam acusações até sérias, mas baixas. O que estou tentando, com o site de campanha, é justamente encher de idéias a discussão. Por isso, cada dia publico um novo artigo, ainda que pequeno. Por isso não me interessa acusar pessoas. É pequeno.

Alguns anos atrás, um amigo me sugeriu que concorresse a reitor da USP, disse ele, "como uma experiência cultural". Acho que uma campanha – e mais que ela, uma gestão – podem ser uma experiência cultural. Defino cultura como aquilo que, ao ser vivido, nos transforma. Não há cultura em si. Se eu vir uma novela na TV e dela sair transformado – por exemplo, menos preconceituoso em relação às mulheres – essa é uma experiência cultural. Se eu ouvir Beethoven e sair como entrei, não foi uma experiência cultural. Espero que minha gestão na SBPC, se for eleito, constitua uma experiência de ampla discussão, da qual saiamos transformados.

Uma das idéias é gerar uma série de fóruns. A SBPC pode discutir questões como cotas, por exemplo, na graduação. Não acho que precisemos tomar uma posição da Sociedade a esse respeito, mas devemos esgotar os prós e contras. Organizaria um fórum assim: pediria a alguns *keynote thinkers*, preferencialmente de dentro da Diretoria ou do Conselho, que escrevessem textos de referência. Abriria então o debate aos sócios e mesmo aos não sócios, num fórum pela Internet. Um Conselheiro ou Diretor ancoraria o debate. Após um tempo, teremos um dossiê, que será sintetizado e poderá gerar uma tomada de posição ou, pelo menos, um levantamento mais sério dos aspectos positivos e negativos de tal ou qual iniciativa. Eventualmente, outras questões, como a da eleição direta ou não para Reitor, poderiam também ser debatidas por esse intermédio. É claro que precisaremos elaborar melhor essa idéia dos fóruns, para que ela não constitua apenas um somatório de opiniões sem sustentação empírica ou teórica. O que queremos é qualidade, não veemência.

BF: Durante os anos de chumbo, a SBPC deu várias lições de cidadania, e em momento algum dobrou-se aos caprichos da ditadura militar. Hoje, a problemática é outra, mas também implica terror e violência, no sentido de que as diretrizes econômicas que nos são impostas produzem efeitos como desemprego acelerado, empobrecimento, insegurança, falta de perspectivas no presente, medo do futuro. A SBPC pretende fazer frente também a essa "ditadura" de ordem financeira? Como contribuir para esse debate?

Renato: Dei a um livro meu o título de *A última razão dos reis* porque era essa expressão que se escrevia, no século XVIII, dentro dos canhões: quando faliam todos os outros arrazoados, como o diálogo, falava-se a tiros. Em outro livro – *A sociedade contra o social* – argumentei que a "última razão dos reis" em nosso tempo é a força econômica. Estou pensando, conceitualmente, qual será a diferença entre poder econômico e força econômica. Temos *poder* quando há alguma forma de reciprocidade, algum modo pelo qual a linguagem tempera a *força*. Há isso, hoje? É claro que há – mas em que medida? Onde está o poder econômico, onde a pura força econômica, que substitui cada vez mais a antiga força bruta?

Mudar isso está bem além das forças – usemos, ironicamente, essa palavra – da SBPC. Mas uma coisa descobrimos, nas últimas décadas. As idéias e as palavras têm um poder enorme. Uma pergunta como a de Stalin, querendo ser sarcástico com o Vaticano – "Quantas divisões tem o papa?", no sentido de divisões de exército – deu totalmente errado. Pois foi o atual pontífice, João Paulo II, um dos principais responsáveis pela queda do comunismo... A arma nuclear nada pôde contra a arma da palavra. Gostemos ou não desse papa (eu sou contrário a suas posições políticas), sua pregação foi mais eficaz do que as polícias secretas. De minha parte penso que, em nosso tempo, dá para apostar

A MÍDIA ALTERNATIVA | 81

muito no peso das idéias e dos ideais. O que vai contra elas e eles passará. Veja que o próprio peso do capital, na herança das pessoas, está decaindo, ao mesmo tempo que aumenta o da inteligência. E não dá para ter uma inteligência apenas instrumental.

BF: De que modo a SBPC pode influir no aumento e numa maior distribuição de verbas à pesquisa?

Renato: Uma de minhas teses principais, na campanha, é que não podemos circunscrever nossa ação, enquanto SBPC, ao diálogo com o Governo. Devemos, sim, manter nossa interlocução com o Ministério de Ciência e Tecnologia. Mas precisamos ampliar nosso diálogo com o Ministério da Educação e o da Cultura, ambos eles essenciais para nossa visão de um país soberano porque inteligente, independente porque culto em matéria de ciência. Mas precisamos ir mais além, e fazer o que eu chamo de "desestatizar nossa fala". Num mundo democrático, fica cada vez mais claro que o Estado está a serviço da sociedade, e não o contrário. Então, vamos diretamente a quem deve mandar: a sociedade. É por isso, aliás, que tenho insistido em desprivatizar a sociedade, em socializá-la, em romper com o esquema ainda dominante entre nós, que faz a sociedade ser anti-social, isto é, que compreende "a sociedade" como a classe dominante e "o social" como as esmolas lançadas aos mais pobres.

Ora, o que temos de fazer é participar desse processo de emancipação ou *empowerment* dos grupos historicamente debilitados. Nos Estados Unidos e de modo geral nos países economicamente avançados, esses grupos discriminados negativamente são chamados de "minorias". No Brasil, quem foi prejudicado ao longo da História foi a maioria. Dirigir nosso discurso para ela e para o bem dela é um imperativo ético dos mais fortes, e uma estratégia política consistente, para que a ciência dê sua contribuição à democracia.

É deixando claro que o investimento em pesquisa científica acarreta, a médio prazo e em última instância (mas sem pressa, sem imediatismo), enormes ganhos democráticos e sociais que a nossa área pode conseguir mais verbas e mais bem distribuídas.

BF: Finalmente: quem pode se associar à SBPC e como fazê-lo?

Renato: A SBPC está aberta a quem quiser se associar. Em princípio, são seus sócios os que se empenham na promoção da ciência. Entendo que quem está voltado ao mundo da pesquisa deveria sempre associar-se a ela: pesquisadores, desde o aluno que está na iniciação científica até o professor com doutorado e livre-docência. Mas também acolhemos, como sócios, simpatizantes da ciência – um exemplo é nosso sócio Luis Inácio Lula da Silva. Para filiar-se, basta acessar o site www.sbpcnet.org.br e seguir as instruções.

Duas observações aqui, só. A primeira é que quem se filiar agora não poderá votar nas eleições deste ano, que começam, pela Internet, no dia 12 de maio. Isto é justo. A segunda é mais delicada. Uma das controvérsias que tivemos recentemente foi sobre a filiação em massa de professores da rede municipal do Recife, com sua anuidade paga pela Prefeitura daquela cidade. Trezentos entraram na SBPC desse modo em 2002, e no começo de 2003 pretendeu-se que mais dois mil (para ser exato, 1.996) se filiassem pelo mesmo procedimento. O Conselho da SBPC entendeu então, a partir de minha argumentação, que a filiação é ato individual, somente valendo se for paga pela própria pessoa. E também manifestou sua preocupação com filiações em massa. A SBPC tem 4 a 5 mil sócios quites, e a filiação de 2.300 da mesma cidade, da mesma profissão e possivelmente da mesma ideologia desequilibraria profundamente a Sociedade. Devo dizer que foi esse o ponto em que decidi aceitar a idéia de me candidatar – ao ver que eu e o ex-presidente Ennio Candotti, que se lançara candidato, tínhamos idéias opostas a esse respeito. Entendo que uma Sociedade só pode ter filiações em massa a partir de uma discussão transparente em seus fóruns superiores e de uma decisão nesse sentido, não por iniciativas localizadas e que podem, em que pese a boa intenção dos que a promovem, modificar radicalmente o perfil de seus sócios e dar a impressão de manipulação. A experiência histórica, em entidades científicas como a antiga SEAF, na área de filosofia, e em partidos políticos, como o PT do Rio de Janeiro e o PPS da cidade de São Paulo, mostra que os efeitos disso podem ser muito graves – e, em alguns casos, fatais.

BF: Você quer falar de algum tema que não foi abordado nas perguntas?

Renato: Queria enfatizar outro ponto-chave de minha campanha: está havendo uma demanda cada vez maior por bom conhecimento. Surgem ONGs, empresas e iniciativas sem formato institucional a fim de transmitir ciência – ou filosofia – a quem não a tem. Isso é muito bom. Mas o problema é que tudo isso ocorre com pouca discussão a seu próprio respeito. E, numa sociedade capitalista, ainda mais quando é selvagem, o espontâneo é apropriado facilmente pelo capital. Ora, se conhecer é poder, e se quem tem mais dinheiro conhece mais, a conclusão desse silogismo será que os mais ricos poderão cada vez mais, e se agravará o abismo social. Contudo, olhando de perto, vemos que somente a primeira premissa (*"knowledge is power"*, como dizia Francis Bacon) é verdadeira quase sem ressalvas. A segunda (os ricos compram mais conhecimento) só vale em circunstâncias determinadas, isto é, quando a ciência vira mercadoria. Portanto, a conclusão não é impositiva. O que devemos fazer? Reduzir o alcance da segunda premissa. Deixar claro que o acesso à ciência, como meio de melhorar a vida, é um direito social dos mais importantes.

É esse o sentido político de nossa campanha. E peço que o sócio tome a decisão de votar depois de consultar o site de campanha, cujo nome oficial é *Por uma SBPC com maior atuação social*, no endereço www.janine-na-sbpc.com.br.

6
A Ágora que Tivemos

Tenho dito que não conseguimos trazer a ágora para o site – ou para a campanha como um todo – mas não é verdade. Conseguimos, sim, só que em menor quantidade do que esperava. Em qualidade, porém, foi um privilégio. O site foi aberto com apoio de Carlos Vogt, que nele incluiu vários textos seus. O primeiro é um manifesto de candidatura e de apoio. Entendemos que deveríamos nos apresentar como candidatos que convergiam em torno de idéias, mas não como chapa. O termo *chapa* praticamente não foi usado por nós. E isso significou que cada um de nós escreveu seus próprios textos de lançamento de suas candidaturas, geralmente remetendo ao nome dos outros. O primeiro artigo de Carlos Vogt foi, então:

PELA SBPC
Carlos Vogt

Nos últimos dois anos, como vice-presidente da SBPC, na segunda gestão da professora Glaci Zancan, pude participar do esforço da diretoria para regularizar as contas da SBPC e para confirmar-lhe o papel de destaque de entidade líder das lutas nacionais pelas políticas inovadoras, e eficazes de ciência e tecnologia.

A SBPC está pronta para relançar-se como grande instituição militante das boas políticas públicas para a produção, a difusão e a divulgação do conhecimento no país.

Pessoalmente, pude participar, como diretor de redação, do projeto da revista eletrônica *ComCiência* que no mês de março último atingiu o número de 86 mil acessos (daily uniques) e de 190 mil de pages views, o que registra a quantidade de páginas durante o mês.

A revista *Ciência e Cultura*, de que sou editor chefe e cujo projeto editorial tive a oportunidade de desenvolver, e a felicidade de ver aprovado, está já no seu quarto número, nessa terceira fase de existência, desde 1949, quando foi criada por José Reis e um grupo de insignes cientistas, todos ligados também à origem e à fundação da SBPC, no ano anterior.

Há muito a fazer pela ciência e pela cultura no país. A SBPC desfruta, pela sua história e pela sólida tradição de suas conquistas, do prestígio necessário ao empreendimento das lutas acadêmico-científicas no país.

É uma instituição que, por suas características agregadoras de múltiplas sociedades científicas e pela multiplicidade integradora de suas representações por diferentes regiões do país, exige ousadia, disciplina, liderança intelectual, desprendimento político e muita generosidade institucional.

É isso que vejo no amigo e colega Renato Janine, há longos anos identificado com as lides da SBPC e há tantos outros identificando-se com a militância intelectual séria, criativa e inovadora das coisas do conhecimento na vida acadêmica brasileira: o presidente ideal para este momento em que todos esperamos uma grande atuação da SBPC no cenário científico e cultural do país.

Vogt também disponibilizou um artigo que escrevera sobre a autonomia do sistema de pesquisa no Brasil, às vésperas da posse do Presidente Lula:

AGORA, AUTONOMIA

Carlos Vogt

A imprensa, de um modo geral, tem dedicado atenção particular ao momento delicado por que passa o sistema de Ciência, Tecnologia e Inovação (CT&I) no Brasil.

E mais delicado ainda, quando se considera que, sem dúvida alguma, trata-se do melhor e mais bem montado sistema da América Latina, o que colabora para pôr em evidência os problemas por que estamos passando.

Sobre um fundo de arquitetura inteligente e, teoricamente, bem estruturado, sobressai o problema crônico da irregularidade dos repasses de recursos para as instituições públicas de pesquisa e para os grandes programas inovadores, produtos desse desenho. É o caso dos Núcleos do Programa Nacional de Excelência (Pronex), do CNPq, que entre outras adversidades econômicas já enfrentadas, só deverão receber os recursos de 2002, em 2003, quando o atual governo já terá dado lugar ao novo governo eleito.

As universidades federais espalhadas pelos estados brasileiros vivem momentos críticos em virtude do atraso de repasses, ao ponto de uma grande instituição como a Universidade Federal do Rio de Janeiro (UFRJ) chegar ao estado de inadimplência e ter a energia elétrica cortada por falta de pagamento. Segundo reportagem do jornal *O Estado de S. Paulo* publicada no dia 01/10/2002, p. A 18, outras universidades estão vivendo situação semelhante, sob ameaça de fecharem o ano sem poder pagar fornecedores, sempre pela mesma razão, a irregularidade e o atraso no repasse de recursos.

O mesmo fenômeno tem ocorrido com o CNPq e, há pouco tempo atrás, foi necessária a intervenção direta do presidente da república [Fernando Henrique Cardoso] para que o órgão pudesse retomar o fluxo contínuo no dispêndio de recursos já concedidos e contratados.

Os fundos setoriais que são parte importante desse desenho original e criativo do sistema de CT&I brasileiro, não conseguiram executar, no geral, mais do que 20% dos recursos que se anunciavam quando de sua criação.

O fato é que a irregularidade econômico-financeira constante acaba por gerar a assistematicidade técnica do sistema, de modo que o que era ótimo virtualmente acaba por ser menos que sofrível na realidade.

O outro efeito perverso, decorrente do mesmo fenômeno, é a total falta de possibilidade de qualquer planejamento, efeito esse que perpassa, como uma corrente de alta voltagem, negativa, toda a espinha dorsal do sistema, desde a sua arquitetura organizatória, no centro, até a execução, pelos usuários dos programas financeiros, nas pontas.

Embora não seja condição suficiente para solucionar esses problemas, a autonomia de gestão financeira dessas instituições é, contudo, condição necessária para deles tratar de forma adequada e eficaz.

A experiência da Fundação de Amparo à Pesquisa do Estado de São Paulo (Fapesp), criada, no Estado, em 1962 e a experiência das universidades estaduais paulistas, desde 1989, mostram o acerto e a justeza das decisões que instituíram a sua plena e total autonomia de gestão financeira.

No caso da Fapesp, que recebe, por lei constitucional, 1% da receita tributária do Estado, ao longo de seus 40 anos de existência, a possibilidade de seu bom funcionamento está diretamente ligada à sua autonomia e, consequentemente, à sua capacidade de planejamento e de provisionamento dos projetos concedidos e das despesas contratadas.

A importância dessa autonomia, e da capacidade de planejamento decorrente, cresce ainda mais nos momentos críticos, como esse da crise cambial que afeta o coração da pesquisa brasileira, já que a grande maioria dos equipamentos e dos insumos necessários ao seu desenvolvimento são importados e, assim, contratados e pagos em dólar.

Com autonomia e planejamento a Fapesp tem conseguido, juntamente com a comunidade científica paulista, responsável por mais de

50% da produção brasileira no setor, singrar o mar revolto das adversidades cambiais e navegar, com expectativa confiante para mares mais propícios de estabilidade nos cenários econômicos nacionais e internacionais.

Nesse sentido, no momento de mudanças políticas por que passa o país, não é demais lembrar que, embora não seja panacéia, adotar a autonomia de gestão financeira das instituições federais de fomento à pesquisa e também das universidades públicas federais, seria uma boa iniciativa do novo governo e uma boa forma de iniciar, na prática, um bom diálogo com a comunidade científica nacional que há muitos anos luta, reclama e propugna por ela.

Outro artigo de Vogt, mais polêmico, defendia as cotas para negros e outros historicamente discriminados, no acesso à Universidade. Como tenho posição mais matizada a respeito – considero que é necessário enfrentar a discriminação, mas não estou convencido de que as cotas o consigam – entendi que este seria um dos primeiros assuntos que, se eu fosse eleito, colocaria em discussão junto à Diretoria, ao Conselho, à Sociedade e à comunidade científica como um todo, montando um fórum a respeito e produzindo, se não uma única proposta final, pelo menos algumas boas alternativas. Eis o texto de nosso candidato a Vice-Presidente:

O PAPEL ESTRATÉGICO DAS COTAS

Carlos Vogt

O peso das desigualdades sociais legadas pelo regime de escravidão permanece como um problema a ser solucionado no inconsciente do País. Ainda que geneticistas e antropólogos tenham provas irrefutáveis daquilo que, na prática, podemos facilmente concluir – por baixo da pele, seja parda, negra ou branca, somos todos iguais – as oportunidades sociais ainda refletem uma desproporção exagerada em relação à distribuição racial da população brasileira.

A origem do problema a que há séculos resistimos enfrentar tem representação clara nos romances e crônicas de Machado de Assis. As relações entre brancos senhores e negros escravos, ou libertos, na obra machadiana nos ensinam a compreender o Brasil de consciência infeliz e incapaz de superar as distâncias sociais que permeavam a proximidade emocional e tutelar do patriarcalismo familiar que marcou e ainda marca boa parte da cultura de nossas relações individuais e institucionais. Por exemplo, em *Memórias Póstumas de Brás Cubas*, de 1880, a visão de além-túmulo que o narrador tem de si mesmo é mais crua e mais direta quando contemplada à luz de seus relacionamentos, ainda criança, com escravos da casa: "Um dia quebrei a cabeça de uma escrava porque me negara uma colher de doce de coco que estava fazendo e, não contente com o malefício, deitei um punhado de cinza ao tacho e, não satisfeito com a travessura, fui dizer á minha mãe que a escrava é que estragara o doce 'por pirraça'; e eu tinha seis anos". Apenas esse excerto leva a pensar que há mais acertos do que erros, no que diz respeito à população negra brasileira, em medidas como as que contemplam cotas nas universidades ou ressarcimentos por perdas históricas para as comunidades remanescentes dos quilombos.

O Brasil fez um grande esforço intelectual para tentar resgatar as grandes diferenças sociais decorrentes do modelo econômico que o País adotou no século 19. Essa produção, voltada para a formação da Nação brasileira, inclui trabalhos de Gilberto Freyre, Sérgio Buarque de Hollandá, Caio Prado Jr, Antonio Cândido, Celso Furtado e outros importantes autores, e mostra que a parcela de afro-descendentes da população acabou vivendo o drama de problemas sociais decorrentes do modo de trabalho escravo. No final do século [19], a libertação criou a ilusão de uma sociedade aberta, mas que, na realidade, não tinha a perspectiva de integração dos negros. A sociedade era condescendente do ponto de vista das relações inter-raciais, mas essa ilusória democracia racial ainda carregava sérios problemas de discriminação.

A proposta de ajuste de contas com o passado que aparece na obra desses autores foi muitas vezes atropelada pelas transformações mundiais que ocorreram a partir da Segunda Grande Guerra, floresceram após o longo período da Guerra Fria e irromperam depois de um conjunto de mudanças marcadas pela queda do muro de Berlim, no final dos anos 80. Sob a égide neoliberal da globalização nos anos 90, o esforço volta-se agora para a superação dos problemas sociais que se acumularam. Dura tarefa, pois, de certo modo, os instrumentos que o neoliberalismo oferece à democracia são os mesmos que limitam a liberdade, que constitui esse regime, à liberdade de circulação financeira.

O desafio atual é o de tornar ética e social a essência pragmática da globalização. Hoje perfilado entre os países de economia emergente, o Brasil também deve resolver os graves problemas sociais que ainda permanecem para emergir efetivamente. Entre esses problemas, que sugerem a adoção de medidas estruturais e de medidas emergenciais para serem solucionados, está a desproporcional oferta de oportunidades na área educacional a cidadãos auto-declarados brancos, pardos e negros.

É preciso que se criem condições para o pleno cumprimento do inciso IV do artigo 3º da Constituição Brasileira, "promover o bem de todos, sem preconceitos de origem, raça, sexo, cor, idade e quaisquer outras formas de discriminação". E a reserva de cotas na universidade aparece como uma política pública compensatória de caráter afirmativo para eliminar o estigma social da origem da população negra e acelerar seu acesso a todos os quadros da hierarquia social de forma eqüitativa e proporcional. Dificuldades operacionais devem aparecer durante a implantação do sistema, mas elas são próprias de iniciativas que propõem mudanças efetivas na sociedade.

Em paralelo a medidas estruturais cujos resultados aparecem a longo prazo, como o programa de combate à fome, a melhoria da qualidade e ampliação do acesso à educação fundamental e média, a lei de cotas é mais que legítima e deve ser vista como estratégia emergencial para acelerar o processo, e que deve ser substituída quando resultados mais permanentes de políticas estruturais permitirem uma distribuição eqüitativa, e portanto justa, das oportunidades que o conhecimento oferece. É legítima porque mostra o lado mais espetacular, mais forte e mais aparente da desigualdade social produzida no País.

E o último dos seus artigos na primeira série:

O DRAMA DAS UNIVERSIDADES FEDERAIS
Carlos Vogt

Entra ano, sai ano e o sistema público federal de ensino superior continua na mesma cadência: no descompasso entre aquilo que, há anos, sabe-se que deve e precisa ser feito e as ações governamentais que adiam sistematicamente a sua consecução.

O que deve ser feito -a autonomia da gestão financeira das universidades- estava, inclusive, no programa de governo do presidente Luiz Inácio Lula da Silva, quando candidato; o que se vê fazer, pelo menos até agora, é um controle fortemente centralizado da liberação dos recursos para essas instituições.

O fato de ser centralizado não constituiria, em si mesmo, um fator negativo, não fosse o argumento histórico de que são raros os sistemas eficientes e eficazes, capazes de produzir resultados relevantes, de acordo com os fins para que se constituem, que adotem a excessiva centralização como princípio ordenador de seu funcionamento.

Há tempos, pelo menos desde o primeiro governo do presidente Fernando Henrique, o tema da autonomia de gestão financeira das universidades ronda as expectativas e boa parte dos movimentos da comunidade acadêmica, no sentido da conquista de condições mais propícias à boa organização e ao bom desempenho do sistema de educação pública superior como um todo.

Agora, instalado o novo governo, já decorridos mais de três meses da posse, as esperanças das universidades federais começam a se matizar com alguns tons de receio no que diz respeito à propalada autonomia de gestão financeira. É verdade que algumas medidas emergenciais já estão sendo tomadas no sentido de desagravar a situação de penúria das universidades. São medidas importantes, mas que ainda estão longe das mudanças estruturais exigidas.

A autonomia, que é, a meu ver, condição necessária para o bom funcionamento e a boa gestão das universidades públicas, tem uma experiência importante desde 1989, no sistema das universidades estaduais paulistas, e, desde 1962, na própria Fapesp.

Mesmo não sendo condição suficiente, sem ela não há como estabelecer mecanismos estruturais de planejamento e organização da vida acadêmica, tanto em suas finalidades maiores -o ensino, a pesquisa e os serviços que daí derivam-, como nas atividades técnico-administrativas que lhe dão suporte.

Para agravar as desventuras das protagonistas dessa comédia de enganos, as universidades federais, vê-se agora que elas não só continuam impedidas de chegar à maioridade administrativa que a autonomia consagraria, como ainda vivem sob regime de forte tutela desconfiada. Mais grave, contudo, é a situação que se cria pela sistemática da liberação semanal dos recursos necessários à sua manutenção, em obediência à racionalidade econômico-financeira do governo, que, desse modo, previne as universidades de caírem na tentação de ficar com o dinheiro parado em conta. É uma situação cômica e triste, mas que, num caso e noutro, produz a total impossibilidade de qualquer planejamento para as instituições.

Some-se a isso o clima de medo e incerteza criado por anúncios de mudanças radicais na Previdência, desde o fatídico governo Collor. O alarme disparado na década de 1990 não parou de provocar prejuízos, em termos de recursos humanos, nas instituições públicas de ensino superior, embora de efetivo pouco se tenha feito no que concerne às mudanças trombeteadas.

Tem sido como uma crônica do estrago anunciado: anunciam-se

medidas radicais e lineares, espalha-se o pânico, o pessoal das universidades se apressa em se aposentar, com medo de perder os legítimos direitos com que foi contratado e ingressou na carreira, e pronto, está feito o coquetel molotov da intranquilidade e da deserção provocada. As universidades públicas, de um modo geral, em graus diferentes, mas com a mesma qualidade dramática, estão perdendo seus quadros de professores e pesquisadores seniores, não têm condições orçamentárias para repô-los e, o mais grave, vêem quebrado o círculo virtuoso do processo de contínua formação e desenvolvimento pessoal e profissional de seus quadros mais jovens.

É preciso reformar a Previdência. Mas é preciso providenciar para que as reformas não sejam sumárias demais, a ponto de atender apenas à voz monótona da razão instrumental, que, em geral, conduz e orienta as ações públicas dos dirigentes políticos.

Sem educação de qualidade, o país do futuro é sem futuro, como, na piada do boteco, o pão com manteiga sem manteiga é mais barato. Não podemos baratear a educação superior no país. Ela é cara à sociedade, tanto no sentido de ser querida e necessária, como no sentido de ser custosa aos cofres públicos.

Cabe às universidades empenharem-se, com afinco redobrado, em sua missão formativa para dar à sociedade que as requer o retorno social e econômico dos investimentos que são feitos. É a nossa responsabilidade. A dos governos é oferecer as condições propícias para a realização de seus objetivos de ensino, pesquisa e extensão. Entre essas condições, a autonomia de gestão financeira e um sistema previdenciário que contemple a complexidade e a especificidade das ocupações profissionais dedicadas à produção, à difusão, à divulgação do conhecimento e de sua transformação em riqueza social e econômica para o país.

Disse que a quantidade foi pequena, mas a qualidade, grande. Tivemos um único artigo de um não candidato. Gostaria de ter tido mais. Contudo, a iniciativa era pioneira e, por isso, é normal que ela demore a ter frutos. Foi apenas no final da campanha que a idéia do site realmente se firmou. Transcrevo então o artigo de Newton Bignotto, professor de Ética e Filosofia Política na UFMG, que foi assessor da área de Filosofia no CNPq e é autor de vários livros sobre o pensamento republicano:

O PROBLEMA DA RELEVÂNCIA DAS CIÊNCIAS

Newton Bignotto

É quase um lugar comum nas discussões sobre o papel das ciências nas sociedades contemporâneas afirmar sua importância para o desenvolvimento das nações. Tal formulação está ancorada, na percepção de que os produtos tecnológicos da ciência são os elementos decisivos para definir o lugar que será ocupado pelo país na ordem mundial. Produzir ciência de boa qualidade e saber transformá-la em patentes e aplicações práticas parece ser o sinal maior de que o desenvolvimento científico está se dando na "boa direção".

É senso comum o que acabamos de dizer, mas tem servido para orientar o comportamento de muitos governantes na ocasião de escolher as prioridades na aplicação dos recursos públicos. Esse sentido primeiro da afirmação da relevância das ciências e da discussão sobre política científica já seria suficiente para mostrar a importância de uma sociedade como a SBPC, que nasceu justamente dessa inspiração e tão bem soube ver ao longo de sua história o quão fundamental era para a vida política nacional.

Mas essa primeira abordagem do problema posto pela escolha de uma política científica adequada para nosso país não expõe integralmente a complexidade da questão. Se os praticantes das diversas ciências, e mesmo os governantes dos mais variados matizes ideológicos, se acordariam facilmente com as proposições referidas, o mesmo não se dá quando se trata de realizar escolhas num quadro historicamente marcado pela escassez de recursos. Surge aqui o problema da relevân-

A ÁGORA QUE TIVEMOS | 95

cia das diversas ciências e de sua relação com o contexto social dentro do qual são praticadas.

De maneira resumida, e correndo o risco de simplificar um problema cheio de nuanças, podemos dizer que o *debate sobre a relevância das ciências se orienta por dois grandes eixos: o da aplicabilidade e o da significação social*. Em ambos os casos afirmar a relevância de uma determinada prática corresponde quase sempre a reivindicar sua prioridade na aplicação dos recursos públicos.

O primeiro critério que costuma guiar a análise da relevância tem alcance mundial. Em todas as latitudes a possibilidade de se converter ciência em tecnologia aparece como sendo um critério decisivo para a distribuição dos financiamentos. Dada a importância que o desenvolvimento tecnológico adquiriu, o argumento em favor da aplicabilidade dos conhecimentos como padrão de relevância tem um largo alcance, arrebanhando adeptos em todas as disciplinas que são candidatas a produzir uma interface explícita com o processo produtivo.

Ora, se não há como descartar o parâmetro de relevância sugerido acima, não podemos fugir das conseqüências de sua aplicação generalizada numa determinada sociedade. *De fato, a escolha da aplicabilidade tecnológica como critério preponderante de relevância implica em deixar de lado todas as pesquisas que se ocupam com problemas de base e que não aspiram a uma conversão imediata em tecnologia.* Isso inclui tantos certos ramos da matemática e da biologia quanto muito do que é feito nas ciências humanas e na filosofia. É nesse ponto que uma sociedade como a SBPC pode ter um papel fundamental definindo-se do ponto de vista dos interesses republicanos e não da particularidade das diversas disciplinas. Se o debate for conduzido apenas pelas diversas sociedades representativas das diversas áreas será um luta de forças particulares, que não será ilegítima, mas que não terá como resultado necessário a construção de uma política científica abrangente e de longo prazo. Em tal cenário, acreditamos que a SBPC pode atuar como um espaço no qual a questão da relevância se combine com a procura de um desenvolvimento científico cujos objetivos são mais amplos do que os sugeridos por agentes políticos e econômicos, que até mesmo por serem externos à ciência conhecem pouco do que ela é e se preocupam mais com seus resultados. Não se trata de negar a importância da relação entre ciência e tecnologia e nem mesmo de deixar de lado os vínculos entre as diversas ciências e os setores produtivos. O que se quer é uma sociedade científica que coloque a questão em uma dimensão maior do que aquela na qual normalmente operam os agentes econômicos e de governo. Fazer isso é, a nosso ver, se colocar da perspectiva da "coisa pública", aceitar o debate sobre os interesses comuns como sendo essencial para a consolidação de uma política científica, mesmo sem alimentar a ilusão de que será sempre possível chegar a um consenso.

Uma segunda abordagem do problema da relevância é a da importância social das práticas científicas. Nessa abordagem o elemento político está sempre presente, mas esconde muitas vezes uma opção por um determinado modelo de desenvolvimento cujos pressupostos nem sempre são explicitados. Trata-se nesse caso de valorizar a vinculação da ciência aos "problemas nacionais" e de garantir sua aplicação em áreas normalmente reservadas a setores do governo como a saúde e a educação. É claro que não há nada errado em se escolher, por exemplo, como prioridade as pesquisas relativas a doenças tropicais em detrimento de outras áreas do saber médico. O problema mais uma vez não é o de realizar escolhas em um quadro de limitações de recursos, mas sim o de transformar essas escolhas em modelo do que deve ser a ciência brasileira. Ao limitar as esferas nas quais devemos atuar estamos, em nome de um melhor entendimento de nossa realidade social, demarcando um lugar na comunidade científica internacional, que nem sempre é fruto de um consenso no interior da própria comunidade científica nacional. Mais grave ainda, nem sempre estamos conscientes dos resultados futuros das escolhas que operamos e dos riscos que elas impõem para o desenvolvimento futuro de nossas cien-

A ÁGORA QUE TIVEMOS | 97

tíficas. A prática das agências de financiamento tem demonstrado que a descontinuidade no financiamento da pesquisa em um determinado campo produz resultados por vezes mais nefastos do que a limitação dos recursos.

Mais uma vez nos parece que a SBPC pode ser um fórum adequado para esse tipo de debate tanto entre os cientistas quanto com os governos estaduais e federal. Ao assumir a questão da relevância social como um problema que concerne o conjunto da sociedade, assumimos sua dimensão propriamente republicana na medida em que assumimos como um problema de todos o que poderia parecer uma questão de uma pequena comunidade de especialistas.

Ainda dentro da questão da relevância social das ciências parece-nos que existe uma dimensão do problema que tem sido deixada de lado: trata-se do *problema do ensino das ciências em nosso país*. Se a SBPC tem dado uma contribuição notável na difusão das descobertas científicas para um público não especializado através de suas revistas, sua atuação no domínio da *formação científica* tem sido tímida. Num país tão marcado por desigualdades sociais de todas as ordens fica relegado ao segundo plano o que poderíamos chamar de *"exclusão científica"*. Num mundo marcado pelas ciências e por suas aplicações, a baixa qualidade do ensino e mesmo a ausência de formação científica – e aqui estamos falando obviamente de todos os grandes ramos das ciências – é um fator complementar de exclusão das camadas da população que por múltiplas razões já encontra dificuldades para se inserir tanto no processo produtivo quanto para assumir plenamente sua cidadania.

É óbvio que não se pode dizer que o desconhecimento das ciências é um impedimento da participação dos cidadãos na vida política do país. Levar esse argumento ao extremo acabaria por retornar ao problema superado do voto dos analfabetos. O que pretendemos afirmar, no entanto, é que um *ensino científico de baixa qualidade, como o que ocorre na maioria das escolas públicas do Brasil, é mais um fator de ex-*

clusão social que deve ser combatido. Nas condições atuais não ter condição de interagir com as diversas linguagens científicas é se privar de uma das possibilidades de ação em nosso mundo. Nesse terreno, instrumentos como a internet são apenas a ponta de um processo de transformação da própria idéia de participação política.

Se o fenômeno da exclusão ultrapassa em muito o âmbito de ação de uma sociedade como a SBPC, não há como negar que o ingresso dos jovens no mundo político e do trabalho se dará de maneira tanto mais eficiente quanto melhor eles puderem compreender os processos de produção do saber e suas interação com o mundo da política. A SBPC pode assim ter um papel indutor nos debates sobre o conteúdo das disciplinas que são ensinadas no primeiro e segundo graus não no sentido de comandar o processo, mas sim no de contribuir para orientar o ensino num sentido que leve em conta não apenas a dimensão formal do aprendizado, mas sobretudo seu papel político e social. Inserir os jovens no universo das ciências contemporâneas é mais uma ferramenta para ajudá-los a se formar como cidadãos e na apenas como indivíduos.

Acredito encontrar em *Renato Janine Ribeiro* as qualidades necessárias para agir de maneira lúcida e com sentido público no contexto atual das ciências brasileiras. Por isso apóio sua candidatura à presidência da SBPC.

7
A Primeira Polêmica

Tinha deixado suspensa, no final do cap. 4, a polêmica que começaria com meu artigo de 9 de maio, a primeira sexta-feira de campanha "oficial" pelo Jornal da Ciência E-mail e, também, o primeiro dia em que o texto do site coincidiria com o do diário eletrônico da SBPC. Nossa campanha começou, pelo site, no final de abril. Como já disse, só em 5 de maio o JCE se abriu aos candidatos.

O primeiro texto era diretamente polêmico. Tratava da filiação em massa dos professores do Recife, paga pela prefeitura daquela cidade. Outro candidato, Cerqueira Leite, abordara esse assunto na página 3 da *Folha de S. Paulo*. Mas o fizera agressivamente, em março. Acusara de coronelismo os promotores da filiação. Discordo desse tipo de discussão. Em primeiro lugar, achei e acho que deveríamos manter a temperatura baixa. E isso porque estava em jogo – repeti isso várias vezes – uma hegemonia, não uma exclusão. Não excluiríamos os derrotados, em hipótese alguma. Nós os chamaríamos a trabalhar conosco. (Nunca, porém, pedi que fizessem o mesmo. Não sei qual a idéia de meus oponentes a esse respeito).

Mas há uma razão ainda mais forte do que esta. Aludi a campanhas que presenciei, nas quais os candidatos diziam – de público – generalidades, enquanto seus partidários se atacavam com argumentos pouco publicáveis. A conclusão a que cheguei é que precisamos gerar um espaço no qual tudo possa ser dito. Não convém mantermos um duplo discurso, sendo razoavelmente vago o que vai para a ágora e bastante maldoso o que se murmura nos corredores. Com isso, fazemos que a esfera pública seja improdutiva, o que é o contrário do que desejamos e do que defendo. Por isso, era necessário dizer tudo, mas com respeito. Porque eu não queria acusar meus adversários de indecentes; queria, apenas, que diferentes concepções da vida societária viessem à luz. Por isso, em 9 de maio, "sem acusações pessoais", pus o dedo na ferida.

OS PROFESSORES DO RECIFE

Desejo esclarecer uma questão muito delicada – a filiação em massa de professores da rede municipal do Recife, proposta por nosso secretário-regional em Pernambuco. Essa questão está sendo comentada a boca pequena, e precisa ser discutida de um ponto de vista sério e sem acusações pessoais.

No ano passado, trezentos novos sócios assim ingressaram na SBPC, com anuidade paga pela Secretaria Municipal de Educação do Recife. No começo de 2003, veio o pedido de filiação de mais 1.996 professores recifenses, cujas taxas também seriam pagas pela prefeitura petista. Nesta altura, a Diretoria, que aceitara as primeiras filiações, levou a questão ao Conselho.

Na reunião do Conselho da SBPC, em fevereiro deste ano, argumentei contra as filiações em massa. Afirmei que eram duas as questões. A primeira é a da *terceirização* do pagamento das anuidades. Está errado. Sustentei que a anuidade deve ser paga pelo próprio filiado. Se não, a entidade que paga terá, pelo menos, a gratidão dos novos sócios – o que se traduzirá em votos.

Nosso conselheiro e presidente de honra, Crodowaldo Pavan, perguntou como ficaria se uma Igreja filiasse um grande número de fiéis à SBPC. Vou além, e indago: imaginemos que a Monsanto pagasse a filiação à SBPC de três mil profissionais da soja transgênica. O que acharíamos disso? Não seria uma forma de adquirir o controle da Sociedade? A SBPC continuaria sendo a mesma? Ela passaria a defender os transgênicos?

A segunda questão é a da filiação em massa, ainda que cada um pague a sua parte. O princípio da transparência exige que qualquer filiação numerosa seja discutida amplamente, na Diretoria, no Conselho e mesmo na Assembléia. Nunca detalhamos as exigências para alguém se filiar, justamente porque nunca imaginamos que fossem promovidas filiações maciças. Mas essas são problemáticas. *Podem desequilibrar o poder na Sociedade.*

Numa SBPC que tem entre quatro e cinco mil sócios com direito a voto, a entrada, de uma só vez, de dois mil associados de igual perfil geográfico, profissional e talvez ideológico implica uma mudança radical na balança. Representa uma tomada de poder. Muda o perfil da Sociedade. E aqui não importam as intenções dos responsáveis pela filiação em massa. Podem ser ótimas. Mas o *resultado* de sua ação é, politicamente, inquietante.

Esse ponto causou polêmica na reunião do Conselho da SBPC, em fevereiro. A maioria entendeu que as filiações deveriam ser pagas do próprio bolso. Não foram explicitamente proibidas as filiações em massa, desde que cada um pague a sua anuidade. O problema continua de pé.

Devo acrescentar: como Ennio Candotti e eu tivemos posições opostas sobre esse assunto durante a reunião do Conselho, foi isso o que me levou a aceitar a candidatura à Presidência. Não poderia apoiá-lo, se ele não vê maiores problemas na filiação em massa, como tem sido promovida desde o ano passado no Recife. Pois receio que uma filiação de grandes números de pessoas, sem uma prévia e ampla discussão, acarrete problemas sérios para a Sociedade. E, a poucos meses das eleições, tal filiação nem deveria ser cogitada.

Creio que o imperativo de transparência exige que o assunto seja debatido amplamente. Proponho-me, se for eleito, a levá-lo aos fóruns de decisão da SBPC. Será um dos primeiros temas da futura gestão.

Dizia que o assunto é delicado. Tenho todo o respeito pelos professores municipais do Recife e por Ennio Candotti. Mas o que está em jogo é uma *questão de princípio*. Se aceitamos filiações em massa, aceitamos que a Sociedade possa ser modificada sem uma discussão ampla e aberta a respeito das intenções da SBPC.

Há precedentes assustadores. Na área de Filosofia, lembro que a SEAF, uma entidade que tivemos nos anos 70, sucumbiu em função de algo parecido – uma assembléia em que ônibus de estudantes sufocaram o voto dos filiados professores. Na cidade do Rio de Janeiro, o PT sofreu de uma guerra de filiações internas. Na cidade de São Paulo, sofreu o PPS.

Não, não podemos colocar em risco o futuro de nossa Sociedade assim. Devemos ter a máxima transparência neste assunto, como, aliás, em todos. E é por isso que prefiro tocar na ferida a deixá-la de lado.

Na segunda-feira, 12 de maio, meu artigo tratava de um novo tema. Aliás, na véspera do artigo precedente, o dos professores do Recife, eu recebera um telefonema de uma jornalista, que fora, evidentemente, "briefada" contra mim. Não no sentido pessoal, mas no de ter recebido informações – em que acreditara – falsas. Desmenti-as a ela, mas achei que era o caso de também pôr tudo de público.

AS DESIGUALDADES E AS SECRETARIAS REGIONAIS

Quatro dias atrás, recebi a ligação de uma jornalista, que redigia uma matéria para sair no *Globo* desta semana e ouvira dizer – me contou – que eu seria favorável à extinção das Secretarias Regionais. Devo fazer um desmentido enérgico e indignado. Nunca falei nada disso. Ao contrário, um ponto básico de minha campanha é a convicção de que devemos combater as *desigualdades sociais* e de que a melhor ciência é um bom instrumento nesta direção. Vamos falar disso, hoje.

As desigualdades regionais, no Brasil, são de causa essencialmente econômica. Reduzi-las tem de ser um dos grandes projetos nacionais. Isso não se pode fazer rebaixando o nível dos Estados mais ricos, os do Sudeste e do Sul, mas elevando o dos outros. Em primeiro lugar, pois, a questão tem uma dimensão econômica forte e deve ser resolvida pela ação política, regionalizando-se o desenvolvimento econômico.

O segundo ponto: não podemos pensar as desigualdades regionais separadas das desigualdades sociais. Afirmemos com todas as letras: *o discurso do preconceito regional não só não adianta nada, como é enganoso.* Ele sempre serviu – e continua servindo – às oligarquias dos Estados mais pobres, para agravarem uma apropriação dos recursos públicos que beneficiasse só a elas.

O secretário regional Adalberto Val, em pergunta aos candidatos à Presidência da SBPC, criticou uma idéia do ministro de Ciência e Tecnologia: reservar cotas de bolsas de pesquisas para os Estados mais pobres. Isso é paternalismo. Não melhora a ciência. O que é preciso é criar condições de incorporação dos bons pesquisadores a essas regiões. Uma estrutura de qualidade é melhor do que uma renúncia, ainda que parcial, à qualidade.

Nosso maior trunfo é o seguinte: a ciência, a educação e a cultura têm papel relevante na redução das desigualdades. (É por isso que nosso programa de gestão propõe trabalhar não só com o MCT, mas com o MEC e o MinC). Isso deve ser feito sem paternalismo – que na história do Brasil só reforçou as tendências mais conservadoras – mas com uma forte ênfase na melhor qualidade.

Vamos aos exemplos: São Paulo é o Estado mais rico do país, e encabeça vários indicadores econômicos e sociais. Contudo, em termos de riqueza na cultura popular, quem se destaca são os Estados do Nordeste. Ora, cada vez mais quem estuda como acabar com a desigualdade social considera a cultura um fator crucial para o desenvolvimento humano.

Por outro lado, um Estado como o Rio Grande do Sul tem notável consciência do que é cidadania, talvez a maior do País. Isso até agora não parece ter ressoado decisivamente no desenvolvimento econômico daquele Estado – mas haverá de produzir efeitos. E esse é um dos caminhos que precisamos desbravar: quais são os trunfos de cada região, de cada micro-sociedade brasileira? Cultura, cidadania, o que mais?

Vamos agora ao assunto mais interno à SBPC: as Secretarias Regionais, que fui acusado de querer extinguir. Leiam meu programa de campanha, no site www.janine-na-sbpc.com.br ou no Jornal da Ciência: "podemos transformar as carências e necessidades de nosso país, que nos envergonham, numa oportunidade: a chance de que a ciência ocupe, na construção de uma sociedade democrática, justa e sem miséria, um lugar mais amplo do que teve em outros países ou do que desempenhou entre nós até hoje. Isso implica, aliás, *dar força às secretarias regionais*, bem como às iniciativas que procurem reduzir desigualdades no Brasil".

Como realizar esse propósito de dar força às secretarias regionais? Elas têm realidades e missões bem diferentes entre si. Devemos começar trocando experiências. Cada iniciativa de uma regional será divulgada à outras, primeiro numa página Web privativa dos Secretários, Diretoria e Conselho. Serão colocados todos os dados necessários para se avaliar bem a medida, seus custos, seus impactos.

Será um grande teste para um projeto que mais tarde poderíamos sugerir às Universidades: que troquemos experiências. Trocar sai barato e rende muito. Isso permitirá, além disso, saber o que cada regional está fazendo – e saber disso *on line*, a cada dia, a cada semana. Não podemos abrir mão da capilaridade que as secretarias regionais podem representar no País como um todo. E temos, para isso, em nosso grupo as candidatas a Secretária Geral, Regina Markus, a Secretárias, Vera

Val, que é do INPA, e Ana Fernandes, de Brasília, bem como nosso candidato a Primeiro Tesoureiro, Aldo Malavasi, que sabe como usar a Internet como ferramenta para a gestão democrática. Aliás, este é um ponto importante: devemos lutar para que a Internet sirva à democracia tanto, ou mais, do que para os negócios.

Na mesma segunda-feira, pela manhã – um dia que seria movimentado, porque pela noite teria o debate na *Folha de S. Paulo* com os demais candidatos a Presidente –, chegou-me o noticiário da SBPC de Pernambuco. Ele incluía uma longa resposta do secretário regional ao meu artigo contra a filiação em massa, mas o que estranhei foi um texto mais curto, da chapa de Ennio Candotti. Como não tenho direitos autorais sobre as obras dele e de seus partidários, não posso reproduzi-lo aqui. Mas era sua resposta à mesma questão. Depois de dizer que parte de meu relato era "fantasioso" e de afirmar que, na reunião do Conselho em fevereiro ele se mostrara contrário à filiação "patrocinada por qualquer entidade", e que portanto se opusera – sempre durante a referida reunião – à associação dos 1900 (na verdade, 1996) professores da rede municipal, terminava com a seguinte tirada:

"O que está em discussão portanto não é a filiação dos professores de Recife, mas a possibilidade de filiação na SBPC dos professores do ensino fundamental e médio. Esta possibilidade é garantida pelos Estatutos da Sociedade e somente uma mudança dos Estatutos a poderá fechar. Eu defendo o caráter aberto da SBPC. Sou contra a mudança dos Estatutos com esse objetivo. Quem é a favor de preservar o caráter aberto da SBPC votará, a partir de hoje, em: Ennio Candotti [e seguiam-se os nomes de seus candidatos]. Quem quiser mudar os Estatutos pode votar em Renato Janine Ribeiro ou, se preferir, em Rogério Cerqueira Leite."

Nada disso era verdade, e os signatários o sabiam. Porque eu nunca apoiara qualquer idéia de fechar a Sociedade aos professores do ensino fundamental e médio! Preparei uma resposta, para o JCE do dia seguinte, mas enquanto isso notei que no JCE do mesmo dia, que sai pela tarde, não vinha publicado o texto de Candotti que viera às 10h49 da Secretaria do Recife, mas outro, que conservava a mesma estrutura, mas modificava certas afirmações. O texto alterado estava mais bem redigido. Meu adversário começava dizendo:

"A questão central, a meu ver, não é a filiação dos professores de Recife, mas a possibilidade de filiação à SBPC de 'cientistas e amigos da ciência', conforme previsto nos Estatutos da Sociedade."

E ele terminava:

"O que está em discussão, portanto, é a própria natureza da SBPC enquanto entidade que congrega cientistas, professores e amigos da ciência. Somente uma mudança dos Estatutos poderá modificar este traço marcante de sua própria história. Como candidato à presidência da SBPC me comprometo a defender o caráter aberto da SBPC. Sou contra uma mudança dos Estatutos que descaracterize essa abertura. Essa posição é defendida também pelos candidatos à Diretoria da SBPC [e seguiam-se os nomes de seus candidatos]".

Não havia, portanto, mais a grosseira conclusão que mandava votar num candidato ou no outro. Atenuava-se o teor da resposta. Mas ela deixava claros dois recursos retóricos típicos. O primeiro consistia, não tendo como responder à questão que eu colocara, em mudar o foco, em inventar outra questão, em procurar colocar toda uma categoria contra mim. Minha decisão de não fazer "acusações pessoais" era respondida com insinuações insustentáveis – e flagrantemente falsas. O segundo recurso retórico consistia em distorcer os fatos.

Percebi que era essa a armadilha: fugir do assunto e levantar pequenas iscas falsas. Se entrasse nelas, faria o jogo do não-pensamento. Isto é, eu propusera uma questão importante (pode-se mudar o quadro societário por iniciativa local, sem ampla discussão da Sociedade?) e eles respondiam com uma grande acusação e com pequenas defesas. Era visível que se sentiram tocados no seu ponto mais fraco – ainda mais porque, ao contrário do que fizera Cerqueira Leite, eu não insinuara nenhuma desonestidade deles: discutira, simplesmente, os princípios em jogo. Expusera duas visões diferentes do que é a vida em sociedade. Uma consiste em ter princípios claros e públicos. A outra, em modificar as regras de convivência sem passar pela luz da praça.

Nos dias seguintes, a chapa opositora e seus apoiadores tentariam contestar um ou outro detalhe de meu relato, a fim de apresentar Candotti como oponente, desde o começo, da filiação em massa.

Respondi, então, no dia 13 de maio:

OS PROFESSORES DO RECIFE (2)

O candidato Ennio Candotti respondeu ontem a meu artigo sobre a filiação em massa dos professores do Recife. Primeiro, numa nota bastante agressiva publicada no noticiário da Regional de Pernambuco da SBPC, acusando-nos de querer fechar a Sociedade aos professores de ensino médio e fundamental – o que é absolutamente falso. Horas depois, saiu uma nova nota sua, bastante modificada, no Jornal da Ciência eletrônico. Parece que a diferença nos dois discursos segue uma lógica de conveniência de acordo com o auditório.

Quem ler os dois textos notará que, na primeira versão, o conselheiro Ennio diz que durante a reunião do Conselho da SBPC, em fevereiro, ele se manifestou "contra a filiação individual ou em grupo [de sócios], patrocinada por qualquer entidade" (no caso, paga pela Prefeitura do Recife). O teor de sua explicação mudou bastante, algumas horas depois, no Jornal eletrônico.

Isso tudo me obriga a uma réplica, a fim de aclarar a questão. Em meu artigo, discuti diferenças de idéias e de princípios. A chapa adversária respondeu mexendo nos fatos.

Primeiro: ao contrário do que diz o prof. Ennio, não defendo a mudança dos Estatutos da SBPC para fechar a Sociedade aos professores do ensino fundamental e médio. O que defendo é absoluta transparência em qualquer projeto de filiação em massa. Nossa diferença não diz respeito a fechar ou não a Sociedade. Diz respeito a haver transparência ou não na mudança do corpo eleitoral.

Segundo: o prof. Ennio afirma que não defendeu, na reunião do Conselho em 23 e 24 de fevereiro, a filiação em grupo patrocinada por entidade. Isso não é verdade, como se pode notar já pela circular que o prof. Ennio enviou, em 30 de janeiro, à Diretoria e ao Conselho da SBPC, analisando "o manifesto interesse de mil (sic) professores, do ensino fundamental e médio, de Recife, em se associar à SBPC". Cito o prof. Ennio:

"*Aleixo [o secretário regional da SBPC em Pernambuco] assinala dificuldades que surgiram no processo de associação, em particular no modo como o pagamento das anuidades foi realizado. A Prefeitura através de sua Secretaria de Educação teria custeado as anuidades.*"

Continua Ennio Candotti: "*Recomendo à Diretoria que examine com simpatia este gesto dos professores e de sua Secretaria de Educação, e que encontre uma solução administrativa que preserve o entusiasmo e a generosidade com que se aproximaram de nossa Sociedade.*"

E conclui Ennio: "*Dentro de dez, quinze anos, poucos lembrarão quem pagou a primeira conta dos novos associados.*"

Portanto, já antes da reunião Ennio Candotti era favorável à filiação em massa paga pela Prefeitura do Recife. Durante a reunião do Conselho da SBPC, em 24 de fevereiro, ele foi um dos poucos – dois ou três, num total de vinte e quatro – conselheiros a considerar legítimo esse procedimento. Mas a diferença entre as opiniões era tão grande que a questão nem precisou ser submetida a voto. Prevaleceu a posição que defendi: eticamente não é aceitável terceirizar o pagamento das anuidades. E a maior parte também achou que não se deve filiar em massa.

Conclusão: não é preciso distorcer a posição do adversário, como fez Ennio Candotti, em especial na primeira versão de sua nota. Nossa diferença não está na abertura ou fechamento da entidade aos professores do ensino fundamental e médio – que continuo querendo acolher de braços abertos.

Nossa diferença está no seguinte: acredito que nenhuma mudança significativa no perfil da Sociedade deva ser realizada sem ampla discussão e transparência total. A lucidez demonstra que, se não for assim, o custo para as relações de respeito dentro da SBPC será alto demais.

Por isso, quem concorda com os princípios de transparência e lucidez na constituição do quadro societário está convidado a votar em Renato Janine Ribeiro para Presidente [e seguiam-se os nomes de nossos candidatos].

Mas quem considera transparência e lucidez pouco importantes para a SBPC não deve votar em nós.

Fiz questão de terminar com um final bem diferente do de meus adversários. É autoritário dizer, como eles o fizeram, que quem acha tal coisa "votará em" Fulano. Votará *se quiser*! O que fiz foi *convidar* a votar, em nosso programa, quem considerasse importantes nossos princípios.

Neste artigo, como na maior parte dos seguintes, passei a terminar com uma referência aos companheiros de programa e uma indicação de que haveria "mais textos no site *Por uma SBPC com maior atuação social,* no endereço www.janine-na-sbpc.com.br". É um recurso mnemônico – que usei, sempre que me lembrei de fazê-lo. Mas, para não sobrecarregar o leitor deste livro, vou omiti-lo daqui em diante.

E continuei o assunto das desigualdades regionais, em 15 de maio. (No final do dia 14, quando vi que meu artigo abaixo não fora publicado, telefonei ao JCE para saber por quê; informaram-me que não o tinham recebido; daí em diante, depois de enviá-lo por e-mail, eu telefonava para conferir). As desigualdades entre as regiões do País estavam sendo exploradas na campanha adversária.

Ora, eu via dois pontos essenciais de diferença entre nós. O primeiro é que estou convencido de que jamais se pode tratar corretamente a desigualdade regional sem se considerar as desigualdades sociais. O segundo é que temos instrumentos, hoje, no século XXI, bem mais poderosos para enfrentá-las do que no passado:

VOLTANDO ÀS DESIGUALDADES REGIONAIS

Hoje quero falar do papel da Internet na redução das desigualdades – e do lugar dos jovens pesquisadores e professores neste trabalho. Já afirmei que as desigualdades regionais não podem ser pensadas à parte das desigualdades *sociais*. A indignidade brasileira maior é essa: que haja um fosso tão grande entre ricos e pobres.

O que podemos, devemos, fazer contra a desigualdade? As tecnologias novas, e em especial a informática e a Internet, constituem uma arma fundamental nesta direção. Sabemos que as invenções podem ser usadas, politicamente, de diferentes modos. Tenho insistido que o conhecimento deve ser um direito, mais que uma mercadoria. Pois a Internet está dividida, hoje, entre duas vocações: *ser democrática ou ser business*. Nenhuma precisa excluir a outra, mas temos que garantir o espaço de uma rede na qual a informação e a formação sejam um direito.

Um exemplo. Ontem eu dava uma aula sobre a idéia de sonho, antes e depois de Freud. Pensei em usar a peça de Calderón de la Barca, *A vida é sonho*. Consegui-a na Internet e dois dias antes da aula a passei a meus alunos. Imaginemos esse cenário sem a Internet. Na melhor das hipóteses, uma biblioteca disporia de 4 ou 5 exemplares desse livro, que serviriam só a alguns estudantes. E universidades mais afastadas dos grandes centros talvez nem o tivessem.

A Internet pode assim ser um enorme redutor de desigualdades.

Ela é uma gigantesca biblioteca *on line*. Mas, como qualquer tecnologia, isso depende de como seja usada. É neste ponto que entram os mais jovens.

Pesquisadores mais velhos têm menor agilidade no uso delas. Notem que só nós, dentre os candidatos à Presidência da SBPC, temos um site de campanha, difundindo idéias, mostrando nossa produção, nossa identidade. Mas também demorei muito para ter um site de meu curso de pós-graduação. Já os jovens doutores entram na Universidade e logo estão construindo sites de pesquisa, de difusão, de trabalho.

O que falta é fazermos a ligação entre tudo isso. Deve ser este o papel que terá a autoridade moral de uma direção da SBPC com alto nível científico. Há, por um lado, numerosos pesquisadores – inclusive os de iniciação científica – que dominam muito bem as novas ferramentas tecnológicas. Há, por outro lado, uma preocupação crescente da sociedade brasileira – que inclui a Sociedade Brasileira para o Progresso da Ciência – em combater as desigualdades sociais.

O que devemos gerar é o link entre essa enorme capacitação profissional e os fins que definimos. Dispomos, hoje, de meios melhores do que nunca para o que quisermos fazer. Precisamos, então, saber muito bem o que desejamos, e colocar essas ferramentas a serviço de nossos ideais.

Vamos concluir. O que a Internet permite é uma queda brutal no peso das matérias primas e de tudo o que é "pesado", no custo das comunicações. Quem monta uma editora ou um jornal precisa de prédio, papel, tintas, impressoras, rede de distribuição. Isso é o que mais encarece uma publicação. Mas, quando se coloca esta numa rede virtual, o custo do "pesado" despenca e o que vale é o mais "leve" – a inteligência.

Antes, a riqueza era um diferencial, no acesso ao pensamento, e isso porque os custos industriais eram altos. Agora, o pensamento pode circular com mais liberdade. Para nós, que temos por arma principal o pensamento, a Internet constitui um fator decisivo para romper as velhas desigualdades, sociais ou herdadas.

E por isso, se queremos reduzir as desigualdades injustas que há em nosso País, a começar pelas que existem entre os ambientes de pesquisa, o uso das redes virtuais é crucial. O que é preciso é uma clara visão política, uma liderança científica, uma capacitação tecnológica. E a SBPC pode e vai encorajar este projeto, em nossa gestão.

Vejam, aliás, a propósito do desenvolvimento regional, o artigo que Vera Val, pesquisadora do Amazonas, escreveu para a cédula eletrônica. Ela trabalha com biodiversidade e publicara havia pouco, com Adalberto Val, um artigo sobre "Biopirataria na Amazônia – a recorrência de uma prática antiga"– no número 43 de nossa revista *ComCiência*, dedicado ao Patrimônio Genético, disponível em www.comciencia.br. Eis o seu texto para a cédula:

POR QUE QUERO SER SECRETÁRIA

Vera Val

As diferentes dimensões da Ciência e Tecnologia no Brasil conclamam, hoje, uma ação imediata por parte da Sociedade como um todo, pois estão a refletir a exata diferença de riquezas e prosperidade no território nacional. Num país com tanta diversidade cultural, é natural que as diferenças ocorram e que se reflitam em diversidade social e econômica. Mas a história do Brasil e, principalmente, a história da Ciência e Tecnologia no Brasil resultaram muito desiguais.

A riqueza cultural não se transformou em desenvolvimento em todos os cantos e, por isso, não resultou em igualdade de condições. Portanto, mais de um Brasil pode ser identificado quando se fala em Ciência e Tecnologia, Inovação, Educação e Desenvolvimento Sócio-Econômico.

Reverter esse quadro é papel das Sociedades científicas e principalmente da SBPC como um todo. Entretanto, fazer isso sem que o mais desenvolvido imponha suas regras ao menos desenvolvido, sem que os modelos de desenvolvimento se igualem em regiões com reclames diferentes, sem que o forte domine o fraco, é tarefa de gigante e requer muita ciência e, o mais importante, sapiência. Todas as vezes que falamos em desigualdades regionais nos referimos à ausência de prosperidade, de ocupação de terras e desenvolvimento econômico.

Entretanto, o grande diferencial está na falta de balanceamento entre desenvolvimento científico e tecnológico, o qual redunda em melhor desempenho social e maior qualidade de vida para o homem.

A SBPC, com sua estrutura capilar, tem tido um papel fundamental na diminuição das diferenças regionais. Com suas Secretarias Regionais e sua estrutura de Conselho, tem garantido uma representatividade nacional e uma pluralidade inigualáveis, quando comparada a outras sociedades do gênero.

Minha história na SBPC começou desde cedo em minha carreira. De mera espectadora e aprendiz em suas Reuniões Anuais, até hoje palco formador de opinião crítica sobre política científica e tecnológica e instrumento de divulgação da Ciência, passei a participar, quando migrei para a Amazônia, de várias de suas ações como a Semana dos cientistas pela Paz, a Ciência vai à Escola, a criação das Fundações de Amparo à Pesquisa, dentre outras. Em todos os momentos em que que atuei junto à SBPC (duas vezes como Conselheira e uma vez como Secretária Regional), além de aprender muito, pude realizar ações que ajudaram a aproximar a ciência da Sociedade e, com isso, obter uma resposta do que a Sociedade necessita.

Na Amazônia, fazer ciência não é tarefa singular. Há que se estender as ações num sentido mais amplo, participar mais e ouvir mais. O tão conclamado "desenvolvimento sustentado" só poderá acontecer se, de fato, a relação organismo-ambiente for equilibrada. Esse é um novo momento; o homem em equilíbrio com a natureza exige mais atenção da ciência para o seu papel social.

A PRIMEIRA POLÊMICA | 115

Acredito que minha indicação para participar da Diretoria Nacional da SBPC tenha muito a ver com esse momento novo, ou seja, momento de descentralização, momento de participação e, em especial, momento de diminuição do fosso inter-regional. Não se trata de buscar igualdade a qualquer preço, mas sim conquistar o respeito à pluralidade, à biodiversidade própria do país e, especialmente, à Sociodiversidade.

Sabedora da grande responsabilidade e, ao mesmo tempo, da enorme tarefa que terei, se eleita, em representar uma comunidade de pesquisadores e educadores atuantes como a nossa, encaro o desafio como um dos mais importantes de minha vida profissional.

Esse desafio será tanto menor e mais fácil se puder estar junto àquelas pessoas que já se mostraram comprometidas com esse novo momento.

Pensei, nesta altura, em segmentar a campanha – isto é, em dirigir uma série de cartas aos sócios, diferenciando-os por categoria, para mostrar qual o papel que via como prioritário para cada uma. Escrevi, afinal, duas cartas. A primeira, no dia 19 de maio, segunda-feira, foi aos estudantes de graduação e pós-graduação:

AOS GRADUANDOS E PÓS-GRADUANDOS: CARTA SOBRE O PAPEL DE VOCÊS PELA DEMOCRACIA

Estou-me dirigindo a vocês como candidato a Presidente de nossa entidade, mas não é para prometer o que farei. E sim para falar do papel que *vocês* terão na SBPC, em nossa gestão, e que devem ter ao longo de suas vidas no mundo universitário. E começo notando algo essencial: praticamente todos vocês têm um endereço eletrônico.

Isso é crucial, porque estou convencido da importância que terá a Internet na construção de um ambiente mais democrático em nossa sociedade (aqui, falo da sociedade brasileira e mesmo mundial). As invenções não geram resultados sociais automaticamente. Mas elas são disputadas por grupos sociais em luta, que lhes dão sentido político. E além disso as invenções, se bem usadas, potencializam extraordinariamente as trilhas políticas. Talvez mais hoje do que nunca.

É o que vemos acontecer, com a informatização e a Internet. Por um lado, há todo um empenho em fazer que elas pertençam ao mundo dos negócios. Vejam como os provedores lutam para colocar sua bandeira nos *browsers*! Mas, por outro lado, a Internet tem um potencial democrático impressionante.

Ela derruba os custos industriais tradicionais, por exemplo os de matérias primas. Na composição dos custos de um portal, gasta-se muito mais com inteligência do que com matéria. Por isso, o capital necessário para um portal é muito inferior ao que se exigiria para uma editora ou jornal de mesmo porte – que precisaria de papel, tinta, caminhões, sede física etc.

O que quero dizer com isso? Que a Internet pode reduzir o poder do capital. E por isso há uma enorme disputa para definir seu perfil: se ela será *business* ou democracia. Repito o que já disse várias vezes: nada contra as empresas. Elas têm um papel essencial na produção e distribuição de bens e serviços. Mas tudo contra elas dominarem o poder político. Para superarmos a enorme desigualdade social e política que há em nosso País, elas não podem ser a voz predominante no cenário político.

Mas como podemos lutar, nós e sobretudo vocês, mais jovens, contra a desigualdade? Não é abrindo mão de nosso modo de ser. Não é alistando os intelectuais, como já se fez em outros lugares, para cortar cana. Podemos contribuir com o que temos de melhor, que é o pensamento. E aqui entram a Internet e os mais jovens. Darei um exemplo de minha área, Filosofia, ou, se quiserem, as Humanas.

Por melhor e mais prático que seja o livro em papel, ele é caro de comprar e de conservar. Uma das melhores edições dos filósofos gregos é a Loeb Classical Library, bilíngüe, grego-inglês. Sempre foi cara.

Uma biblioteca de filosofia não é completa sem ela. E, se eu usar um livro dela em sala de aula, é provável que a biblioteca só tenha um exemplar dele, que será disputado pelos alunos, enquanto o resto da coleção, infelizmente, mofa. Se as universidades mais ricas já têm dificuldade em comprar essa obra, imaginemos então as outras. Mas, repito, é uma obra essencial.

Só que hoje a Loeb está disponível, de graça, on line. Então os custos com ela caem a zero. Se uso o livro tal, todos os alunos podem tê-lo. E podem usar comandos de busca, para encontrar um conceito. E não há mais diferença entre Harvard e as universidades mais remotas do Brasil, no acesso a ela – ou a *Science* ou *Nature*. (Haverá diferença em outros pontos, mas não nesse).

O acesso ao conhecimento assim se pode democratizar. Há magníficas bibliotecas on line. Podemos também orientar à distância. Mas o que isso exige? Que saibamos utilizar essas tecnologias de modo democrático. Isto é, precisamos ter, por um lado, simpatia por elas e conhecimento de como funcionam – e, por outro, uma convicção claríssima de seu papel político, como ferramenta para a redução das desigualdades.

Esses dois pontos eu acredito – e meus companheiros de programa *Por uma SBPC com maior atuação social* também acreditam – que os mais jovens tenham em alto grau. E é por isso que proponho a vocês um trabalho em conjunto: que, nas suas carreiras que agora ou em breve se iniciam, vocês dêem toda a ênfase ao uso de instrumentos admiráveis para o combate às desigualdades, seja no conhecimento, seja na sociedade. Se conseguirmos isso, terão valido a pena a campanha e a gestão.

O artigo seguinte saiu em 20 de maio, dia seguinte ao debate dos candidatos a Presidente na *Folha de S. Paulo* – tema do próximo capítulo. Por coincidência, meu concorrente Rogério Cerqueira Leite é presidente da organização que gere o Laboratório Síncrotron, por sua vez dirigido pelo físico Cylon Gonçalves da Silva. Assim, de alguma forma, mostrava-lhes que, apesar do confronto eleitoral, as relações deviam ser preservadas; era e é esta minha convicção.

Mas, mais que isso, o que eu queria era suscitar duas discussões: primeira, levar as Ciências Humanas a formular seus grandes projetos, saindo do micro para entrar no macro; segunda, conscientizar os cientistas, de Humanas ou não, do que é a tecnologia própria de minha área – a maneira como ela contribui para o desenvolvimento da sociedade.

O NOSSO SÍNCROTRON

É hora de sugerir medidas práticas. Em 1987, o sociólogo Sergio Micelli organizou um trabalho de *Avaliação e Perspectivas* das áreas de Humanas, para o CNPq. Quando reuniu todos os consultores, entre os quais eu, num auditório em Brasília, explicou o propósito. "A Física decidiu qual o seu grande projeto. É o laboratório síncrotron. Qual é o síncrotron de cada uma dessas áreas aqui? Qual o síncrotron de Humanas?"

Penso que esta questão continua importante. Quando encabecei a lista das sociedades científicas para o Conselho Deliberativo do CNPq, em 1993, e fui nomeado conselheiro (cargo em que fiquei quatro anos), tomei melhor conhecimento dos planos governamentais para indução à pesquisa científica e à tecnologia, em especial o PADCT. Um colega de Conselho, o físico Sérgio Rezende, da UFPE (hoje presidente da Finep), também fazia parte do órgão deliberativo do PADCT, e conversamos a respeito.

Na ocasião, chamou-me a atenção que o PADCT nada tivesse em Humanas, a não ser, salvo erro, a educação em ciências. Perguntei-me então qual poderia ser "o nosso síncrotron". E concluí que deveria ser a construção da democracia.

Explico-me. Este é possivelmente o tema que mais agrega estudos de ciências humanas e sociais no Brasil. Estudos sobre a escravidão e a exclusão dos negros, a condição feminina, a pobreza, os maus tratos às crianças, o voto, as instituições políticas, o desenvolvimento econômico e muitos outros têm, em comum, o fato de lidarem com nosso déficit democrático e os meios de superá-lo. Então, temos um leque enorme de pesquisas que se juntam em torno do tema de uma democracia desejada e não alcançada.

Há mais. Do ângulo de minha área, a filosofia política, e de várias que lhe são próximas, temos estudos sobre autoritarismo, totalitarismo, ditadura, estado de exceção – e sobre democracia direta e representativa, liberdade em vários matizes.

Há, assim, muita teoria e muito estudo empírico. E há talvez o mais importante: tudo isso pode gerar aplicações práticas. Não se trata de "meras idéias", mas de estudos que resultam em propostas efetivas. Basta ver como cresceram, desde a década de 1990, as Escolas de Governo (em Minas, do Legislativo), umas estatais, outras não – não importa: há empenho em difundir pela sociedade práticas de melhor governança, de responsabilidade, conceitos e técnicas de gestão transparente.

O que falta, então? Dar mais pujança a isso tudo. Isto quer dizer: articular. Uma rede nacional de estudos sobre a liberdade e seus inimigos poderia criar os vínculos que potencializarão estudos e iniciativas, por enquanto, separados. Por exemplo, as pesquisas nesses tópicos que listei são mais apresentadas nos colóquios da área (digamos, História) do que num simpósio sobre a liberdade e a ditadura, que uniria pesquisadores de diversas proveniências – e que, além disso, poderia colocar a questão da aplicação prática.

Porque temos nossas tecnologias. Quando lemos nos jornais a seção de política nacional, por maiores que sejam as suas deficiências, vemos que ela melhorou muito, em relação a dez ou quinze anos atrás, devido – em parte substancial – à contribuição dos cientistas de humanas e sociais, inclusive em reuniões anuais da SBPC. Estas são as nossas tecnologias. Precisamos, porém, discuti-las mais, difundi-las, fazer que mudem o País.

Esta é uma idéia do que poderia ser "o nosso síncrotron", o das Humanas. Na SBPC, é claro que não vamos criar projetos cujo financiamento compete, antes de mais nada, ao Estado. Mas podemos pelo menos colocar as perguntas apropriadas. Devemos propor e sugerir. E o que está mais a nosso alcance é discutir, com a comunidade científica, o que ela pode fazer para agregar conhecimento e prática, o que ela pode propor aos poderes eleitos para que resulte em benefício de nossos cidadãos. O Brasil tem excelentes pesquisadores e ótimas pesquisas; se conseguirmos ligar isso melhor, e fazer que resulte em soluções práticas, daremos um salto enorme em nossa vida social.

Na quarta-feira, 21 de maio, aludi pela primeira vez ao debate da *Folha*, que ocorrera dia 19:

EXPERIÊNCIA ADMINISTRATIVA

Segunda-feira tivemos um debate entre os candidatos à Presidência da SBPC – infelizmente, o único que ocorrerá nesta campanha – no jornal *Folha de S. Paulo.* Em março, o conselheiro Renato Cordeiro propôs um debate entre nós via Internet – e eu aceitei, mas não tive retorno do outro lado. Não importa; como uma questão levantada no debate pelo prof. Cerqueira Leite diz respeito à experiência administrativa, acho que convém tratar disso hoje. Comecemos pelo mais amplo, as idéias e propostas a respeito.

Na Universidade, muitos se queixam do produtivismo, da insistência na necessidade de escrever, falar e publicar. Têm razão, embora não toda – porque algum tipo de exigência de produção precisa existir. Mas o que mais incomoda o pesquisador, a meu ver, não é isso – e sim a burocracia. Ela grassa por toda a parte. Quando você acaba de escrever um artigo, é bom lançá-lo rapidamente no Lattes, porque se deixar para mais tarde estará perdido, tantos são os dados a fornecer. E olhem que o Lattes é uma excelente iniciativa.

Pior é o caso das comissões. Proliferam. De minha parte, todas as vezes que presidi alguma, tratei de fazer menos reuniões e um pouco mais longas. Quando dirigi a Revista USP, passamos a nos reunir durante três horas, uma vez por mês, em vez de fazer quatro ou cinco reuniões de uma hora e meia cada. Funcionou. Também acho que podemos reduzir o número de membros de muitas comissões. Em minha Faculdade, é hábito cada comissão ter um representante de cada um dos onze departamentos. Afogamo-nos. É desnecessário. A Comissão de Pesquisa, por exemplo, poderia funcionar com um representante por prédio ou por grande área, que poderiam até ser eleitos pelo voto direto dos doutores, com uma ponderação das outras categorias.

Isso pode parecer detalhe, mas sinaliza uma disposição. Há uma lição do leninismo que devemos incorporar. Lênin, como Marx, criticava o que chamava de "cretinismo parlamentar". Referia-se àqueles que falam e nada fazem, até porque nada podem fazer, separados que estão do poder executivo. A idéia inicial dos soviets (palavra que significa "conselhos", "comissões") era que todos participassem tanto da deliberação quanto da execução. É claro que isso é impossível de forma absoluta. Mas pode funcionar em certa medida.

Lênin como conselheiro para o funcionamento das organizações modernas pode soar curioso... Ele não foi o único, porém; já os pensadores católicos do século XVI tinham idéia parecida, quando compunham assembléias com magistrados. E não é verdade? Podemos reduzir ao mínimo imprescindível, nas universidades, os órgãos puramente de discussão. Devemos repartir as tarefas e papéis, de modo que quem delibera também execute. Devemos fixar metas bastante claras para as comissões, e mesmo prazos de funcionamento. Podemos reduzir o número de reuniões presenciais, fazendo mais uso das virtudes do virtual.

Foi o que fiz. Presidi a Comissão de Cooperação Internacional da USP, entre 1991 e 94, tendo instalado um sistema de divulgação via e-mail e cursos de treinamento para o pessoal de cada Instituto (para descentralizar o sistema). Antes disso, presidi a Comissão de Publicações da Faculdade de Filosofia da USP, tendo conseguido que a Edusp, à época refratária à edição de teses, lançasse uma coleção com inéditos, inclusive um livro de Antonio Candido. No Conselho Deliberativo do CNPq (1993-97), relatei durante quatro anos as indicações para os Comitês Assessores de Humanas, bem como outras matérias.

Mas meus maiores orgulhos são dois. O primeiro foi presidir a Comissão de Programação Científica da Reunião Anual da SBPC realizada em Natal (1998), e da de Porto Alegre (1999).

O segundo foi organizar, em 1997, às vésperas do cinqüentenário da Declaração Universal dos Direitos Humanos, um ano inteiro de atividades dedicadas a eles, no Centro Universitário Maria Antonia, que pertence à USP e por sinal está no mesmo prédio da sede nacional da SBPC. Foram dezessete módulos, com duzentas atividades, entre conferências, mesas redondas, simpósios e eventos culturais. Cobrimos a liberdade de expressão, os direitos das mulheres, a perseguição a judeus e a palestinos, a resistência conservadora aos direitos humanos.

Foi possível organizar tudo isso da maneira que considero ideal. Fixam-se as grandes diretrizes, delega-se, mobiliza-se a convicção das pessoas envolvidas. É isto o que entendo quando digo que a SBPC tem mais autoridade (moral, intelectual) do que poder. Penso que um dos rumos para nosso mundo de cientistas é esse: conseguir mais resultados pelo poder das idéias do que pela caneta que assina ordens e desordens.

É hora de falar do debate no jornal.

8
O Debate na *Folha*

No dia 19 de maio, segunda-feira, teve então lugar o debate na *Folha de S. Paulo* entre os três candidatos a Presidente. Éramos, portanto, eu, Ennio Candotti e Rogério Cerqueira Leite. Um primeiro debate tivera lugar, mês e tanto antes, pela rádio Eldorado de São Paulo, entre mim e Ennio (Rogério, à época, ainda não obtivera as assinaturas que avalizariam sua candidatura). O editor de Ciência da *Folha*, Marcelo Leite, mediou a discussão.

Infelizmente, eram poucos os presentes – apenas umas trinta pessoas, alguns dos quais diretamente ligados aos candidatos, mas vários que nem eram associados. Não creio que a discussão tenha tido qualquer efeito na campanha. E isso é pena. Em primeiro lugar, para ser direto, porque ganhei de longe o debate. Rogério Cerqueira Leite – que pessoalmente foi de uma gentileza enorme, contrastando com a veemência de seus artigos – não tinha idéias significativas a propor. Ele já afirmara, escrevendo na *Folha*, que a diferença entre os candidatos não era de idéias – o que mostra sua incompreensão do que eu estava dizendo – mas de curriculum; disso se seguia que, sendo ele o mais velho e de inegável e admirável experiência na gestão pública, seria o mais capacitado para dirigir a SBPC. O problema é que sua premissa maior, a desconsideração das idéias, era equivocada.

Quanto a Ennio Candotti, ele tem o mérito de ter criado a revista *Ciên-*

cia Hoje, conferindo forte impulso à divulgação científica. É preocupado com a desigualdade regional, o que também é importante em nosso país. Contudo, os meios que propunha estavam demasiado ligados à demanda de verbas públicas. Quando lhe perguntaram o que achava das cotas para a admissão na Universidade (ou seja, para negros e para egressos de escolas públicas), respondeu que não bastava reservar vagas, era preciso dar bolsas. Também propôs a criação de uma Capes para o ensino médio, uma Capem, que melhorasse a qualidade das escolas, sobretudo públicas. São propostas generosas, sim, mas que recorrem ao dinheiro do Estado, e isso numa época em que nenhum partido que exerça o poder terá condições de atender a uma exigência maior sobre os cofres públicos. Faltam, portanto, idéias que supram a falta de dinheiro.

Contudo, o debate não teve efeitos. E esse é o segundo ponto que queria enfatizar. Com todos os problemas que pode haver em organizar uma discussão entre candidatos – e que essa não teve, porque eram apenas três, todos tratados com igualdade – ela ainda é o melhor meio para o eleitor aferir quem ele prefere. Esta afirmação vale tanto para as eleições gerais quanto para as de uma sociedade científica. Por isso, acredito, no caso das eleições políticas, que o acesso ao horário eleitoral dito gratuito (que, na verdade, é pago com nossos impostos, porque as emissoras são ressarcidas pelos cofres da União de suas perdas em receita) deveria ter, por condição, que os candidatos ao Executivo participassem de discussões. E notem que debates entre candidatos políticos são mais complicados do que dentro de uma sociedade científica. Sempre há, por exemplo, concorrentes que vêm de partidos sem representação significativa, e cabe perguntar se devem ter o mesmo tempo e destaque que seus adversários de agremiações maiores. Em nosso caso, nada disso se coloca. Podemos, como sugeriu um conselheiro que, por sinal, apoiava meu principal adversário, realizar debates pela Web, sem precisarmos deslocar os candidatos para o mesmo lugar. Em suma: se não tivermos a prática do contraditório, continuaremos sob o primado dos corredores e de seus rumores.

Mais uma vez, falhou a dimensão pública. Houve um esboço dela, e por isso cumprimento a *Folha de S. Paulo*, mas os resultados foram parcos. E esta é uma questão que tenho trabalhado teoricamente, mas se reveste de enorme interesse prático: por que um tal descompasso entre a energia investida e o efeito obtido? Não podemos admitir um tal desperdício daquilo que é posto no espaço público. Numa campanha, quer ela se dê na política em geral, quer na política da ciência, o que está mais perto da ágora é o debate. Quando ele deixa de ocorrer, algum esvaziamento da coisa pública acontece, alguma apropriação privada do que deveria – e poderia – ser um território republicano.

Relatei no dia 22, quinta-feira, o debate do dia 19:

O DEBATE DOS PRESIDENCIÁVEIS NA FOLHA

A *Folha de S. Paulo* deu uma nota curta sobre o debate dos candidatos à presidência da SBPC. Não vou repetir o que todos já dissemos, na mídia externa ou no JC. Só quero tocar nos pontos talvez novos.

Cada candidato – depois de resumir suas idéias – formulou uma pergunta a cada concorrente. Ennio Candotti perguntou o que eu proporia para colocar profissionalmente os doutores que às vezes concorrem, às dezenas, por uma vaga na Universidade. Penso que devemos exigir mais vagas de docentes nas Universidades que mais precisam deles, em especial para ter boas IES públicas em mais Estados do país. Mas devemos também lembrar que a docência não é o único destino dos doutores. Há cada vez mais profissões qualificadas fora do âmbito universitário. Dez anos atrás, o sociólogo Werneck Vianna dizia que isso, que já ocorria na Física, aconteceria nas Humanas.

Curiosamente, Rogério disse depois que eu teria falado nas "leis do mercado" para resolver o problema. Tive de explicar que, sendo eu da área de Humanas, nunca falaria em "leis do mercado", expressão sem base científica. O mercado só existe a partir do Estado. Falar em "leis" suas é pura ideologia. E sempre afirmei que a sociedade é muito mais do que as empresas, incluindo movimentos sociais, alguns até anti-capitalistas.

Na minha vez de perguntar, indaguei a Ennio Candotti por que ele disse, ao *Jornal da USP*, que o acordo da *Ciência e Cultura* com a Imprensa Oficial poderia pôr o conteúdo editorial da revista sob tutela de um órgão estatal. Mostrei que o convênio deixa clara a plena autoridade do conselho editorial sobre nossa mais antiga revista, fundada por José Reis. Ela tem custo zero para a SBPC, já que a Imprensa Oficial cobre todos os custos industriais e a parte editorial é paga pela Fapesp e CNPq, em função de projetos do editor Carlos Vogt.

Minha dúvida é: por que pôr em risco uma revista primorosa e que não causa déficit algum? Ennio reiterou o que já dissera ao *Jornal da USP* – e então Carlos Vogt, da platéia, lembrou que o convênio está no site da SBPC, em http://www.sbpcnet.org.br/publicacoes/cienciaecultura.htm.

Fui o único a fazer perguntas diferentes aos dois concorrentes. A Rogério Cerqueira Leite, pedi que esclarecesse sua idéia de indicação de reitores por um sistema que não é nem a eleição direta nem a lista tríplice. Ele sugeriu um comitê de busca, a exemplo do que se pratica na França para certas instituições.

Rogério perguntou a Ennio e a mim o que achamos da proposta de filiação dos professores do Recife, em massa, paga pela Prefeitura. Deixei claro que não tenho nada contra (muito ao contrário!) a presença de professores do ensino médio e fundamental na SBPC. O Conselho já decidiu, por proposta minha, que a filiação não pode ser terceirizada. O ponto principal, a meu ver, é que qualquer expansão da Sociedade que modifique profundamente seu perfil societário precisa ser discutida amplamente, com muita transparência, talvez até por uma assembléia geral.

Nas considerações finais, Ennio retomou a questão dos professores do Recife e me apelou que encerrássemos este assunto. Respondi que, de minha parte, tudo o que eu tinha a dizer já estava dito. É uma questão de princípios, mostrando diferentes visões da SBPC, não de acusações pessoais. Aceitei sua proposta.

Na conclusão, insisti em dois pontos. Primeiro: não podemos continuar pensando na SBPC em face prioritariamente do Estado. Devemos dar importância a ele (incluindo o MEC e o MinC) mas, num mundo mais democrático, o fundamental é ter o apoio da sociedade como um todo. Uma SBPC mais voltada para a sociedade, portanto, o que inclui tanto empresas quanto movimentos sociais.

O segundo é o acesso ao conhecimento científico. A Organização Mundial do Comércio quer que a educação seja considerada mercadoria e não esteja sujeita a nenhuma barreira na circulação entre os países. Quem nos alertou para esse perigo foi a reitora da UFRGS, Wrana Panizzi, na Carta de Porto Alegre. Sou contra isso, porque entendo que o acesso à ciência é emancipador (*empowering*) e, se for essencialmente pago, vai agravar desigualdades sociais que já são insustentáveis. Ao contrário, devemos fazer que a ciência contribua para reduzir essas desigualdades e promova a democratização das relações humanas.

Ao terminar o debate, conversei com Ennio. Ele me pediu, de novo, que parássemos de discutir a questão da filiação em massa dos professores. Percebi que a questão estava perturbando sua candidatura: obviamente, ele perdera apoios. Mas concordei. Não gostava do caminho que ele e os seus estavam dando ao debate, desviando uma questão de concepção sobre a Sociedade para um diz-que-diz perdido em fatos duvidosos. E eu já tinha dito tudo o que queria. Ir adiante o que significaria? Iria pedir às funcionárias da SBPC, que registraram minuciosamente tudo o que foi falado em dois dias de reunião no Conselho, que divulgassem suas notas? Isso desmentiria a oposição de Ennio à filiação em massa. Mas para quê? Um passo desses traumatizaria a Sociedade. E não era o que eu propunha ao debate, mas uma simples questão: pode uma Sociedade ter seu perfil societário modificado brutalmente, pela adição de cinqüenta por cento de novos membros de uma só cidade e profissão, sem isso se discutir ampla e previamente? E meu adversário deixara claro que ele não via problemas nisso. Bastava.

O curioso é que, talvez porque acedi de pronto à proposta, Ennio Candotti tenha imediatamente formulado outro pedido. Solicitou que retirássemos da cédula eleitoral de meu candidato a Primeiro Tesoureiro, Aldo Malavasi, a passagem em que ele criticava a gestão dele na Presidência. Transcrevo aqui o texto de Aldo, pesquisador destacado, eficiente organizador de reuniões anuais e pessoa que transfere muito bem a ciência para sua aplicação prática:

POR QUE QUERO SER PRIMEIRO TESOUREIRO

Aldo Malavasi

Na Diretoria da SBPC, exerci os cargos de Secretário por duas gestões e de Secretário-Geral numa terceira gestão, trabalhando de forma próxima aos Presidentes Aziz Ab'Saber, Sergio H. Ferreira e Glaci Zancan.

Eleito Conselheiro até 2005, planejei não mais voltar à Diretoria, acreditando que havia cumprido meu papel, realizando várias atividades que entendo terem contribuído para adequar a SBPC aos novos tempos, como a informatização das reuniões anuais e da Secretaria, eleições eletrônicas e, principalmente, a renegociação das dívidas trabalhistas e a criação do ICH- Instituto Ciência Hoje.

Entretanto, com o risco de que a SBPC viesse a ter novamente a política financeira de E. Candotti na presidência, animei-me a disputar o cargo de Tesoureiro, a fim de tentar garantir uma administração financeira responsável e transparente. A duras penas, as administrações que se seguiram aquela presidência conseguiram colocar ordem nas finanças da SBPC. Temo que não tenhamos fôlego para sobreviver uma vez mais a uma nova aventura administrativa.

Por isso lutarei – como Tesoureiro ou como Conselheiro e independentemente dos resultados destas eleições – para que seja incluída, nos Estatutos, a auditoria externa das contas da nossa Sociedade ao término de cada gestão.

Trabalhar com Renato Janine Ribeiro na Presidência [e seguem-se os outros candidatos] significa seguramente uma administração financeira responsável, ética e que siga as leis fiscais deste país.

E, especificamente para mim, como Tesoureiro, quero buscar fontes alternativas de recursos por meio da organização de eventos – onde temos tanta experiência -, aumento do número de sócios e diminuição da inadimplência , bem como parcerias estratégicas através das nossas publicações – *Ciência Hoje, Ciência Hoje das Crianças, Jornal da Ciência* impresso, *Jornal da Ciência E-mail, Ciência e Cultura* e *ComCiência.*

Respondi a Ennio que entendia perfeitamente que ele não gostasse dessas críticas. Mas disse-lhe, primeiro, que eu não podia interferir no texto de outra pessoa. A chapa dele adotara, na cédula eletrônica, um único texto para todos os seus candidatos. Mas, de nossa parte, cada um escrevera seu próprio texto, embora, quase sempre, remetendo aos companheiros de programa. Em segundo lugar, e este foi o ponto mais importante, embora as críticas fossem duras, não eram injuriosas nem ofensivas. A honestidade pessoal de Ennio jamais fora posta em questão. E eu considerava, como considero, preferível uma crítica às claras, em termos públicos e publicáveis, e não um sorrateiro comentário maledicente. Dizendo isso, concluí, Aldo Malavasi permitia que Ennio Candotti respondesse. Abria espaço para a discussão. Se havia pessoas dizendo que a gestão financeira dele fora ruim, não era melhor colocar a questão em debate – ou seria o caso de isso virar calúnia?

No Brasil, há uma lamentável tendência, quando se discorda de alguém, a presumir a má fé do adversário, o que rapidamente o converte em inimigo e reduz uma campanha a guerra. De nosso lado, jamais quisemos fazer isso. Podemos contrastar esta atuação com uma expressão que o secretário regional de Pernambuco, partidário de Ennio, usou num e-mail que nos chegou, no qual ele dizia que "guerra é guerra, e todo buraco é trincheira". Discordo. E retomo o ponto: se as questões são postas em público, somos forçados aos bons modos e, mais que isso, a traduzir tudo em termos de interesse geral. Se ficam na sombra, a crítica vira calúnia, a incompetência se converte em crime e por aí vai. Ninguém ganha com isso. Já ó que vem à luz fica limpo, claro.

Lembro que no governo Collor uma coisa era conversar com jornalistas, outra ler o que eles escreviam em seus jornais. Eles pareciam saber muitas coisas erradas que estavam acontecendo, mas publicavam pouquíssimas. Provavelmente, porque não tinham provas. Mas isso criava, pelo menos em quem tinha acesso pessoal a eles, uma grande decepção. A qualidade de seu trabalho melhorou muito, desde então. Nos meses centrais de 1992, após o irmão do então presidente vir a público denunciá-lo, a imprensa fez um trabalho magnífico. Ela se redimiu do silêncio anterior – ou, quem sabe, ela passara os dois anos anteriores roendo os freios, indignada de precisar calar-se, e quando teve a oportunidade soltou tudo o que sabia, mas justificando suas acusações. O passo foi importante, no rumo de uma sociedade que tenha uma opinião pública mais forte. Acredito que Ennio concorde com isso, até porque ele teve um papel importante, ao associar a SBPC ao movimento pelo *impeachment* do então presidente. Sempre o elogiei por isso. Veja-se pois o que é um espaço público. Ele implica que possamos criticar tudo por escrito. Isso falta, hoje, no meio universitário, e por vezes prejudica nosso diálogo, nossa pesquisa.

Certamente por isso, já em 20 de maio, Ennio respondia a Aldo Malavasi no JCE, afirmando que suas contas tinham sido aprovadas pelos órgãos competentes da SBPC, bem como tinha negociado com o INSS as dívidas previdenciárias do Projeto Ciência Hoje, parcelando-as em 96 meses, de modo que, como concluía:

Nunca foi apontado qualquer fato que justificasse a ausência de transparência e rigor no uso dos recursos destinados ao projeto Ciência Hoje. Se há irresponsabilidade, esta encontra-se nesse ato do prof. Malavasi, que procura com suas insinuações, em um momento de reflexão sobre os destinos da SBPC, desacreditar projetos que foram e ainda estão sendo realizados com grande generosidade por sócios e colaboradores dedicados.

Aldo Malavasi replicou, dois dias depois, no mesmo veículo, dizendo que evitava entrar em polêmica mas se sentia obrigado a responder:

Considero mais honesto e respeitoso em relação ao próprio Prof. Ennio e à SBPC dizer em público o que muitos comentam, do que deixar essa conversa para os corredores e os diz-que-diz. Os fatos a que aludi são de domínio público e por isso mesmo não voltarei ao que apontei na cédula eleitoral.

O que só quero enfatizar é que estão em jogo duas maneiras diferentes de gestão. Nos anos 80, a inflação resolvia muitos problemas de dívidas públicas ou privadas, jogando-se com as datas de pagamento. Mas, com a queda da inflação, esse procedimento ficou inviabilizado.

Também muitas vezes os déficits eram solucionados recorrendo-se aos cofres públicos. Ora, hoje está claríssimo que o governo federal, dirigido pelo PT, será tão ou mais rigoroso do que o anterior no controle das finanças. O rigor nas despesas precisa ser levado muito a sério.

Na gestão Candotti, isso não aconteceu, tanto que não só ficaram dívidas que ele mesmo reconhece. Além do mais, depois disso precisamos entrar no Refis (o que foi muito difícil e exigiu bastante esforço pessoal meu e das duas últimas diretorias) e criar o Instituto Ciência Hoje, para dar maior transparência às relações entre a SBPC e a parte de nossa mídia que está baseada no Rio de Janeiro. Note-se, aliás, que a esmagadora maioria dos membros das diretorias que sucederam ao Prof. Ennio não poupa críticas a sua gestão do ponto de vista financeiro.

O meu receio é que, se não formos muito sérios nesse ponto, vamos inviabilizar o que a SBPC pode e deve fazer de bom pelo país e pela ciência. De minha parte, a polêmica está encerrada. Disse o que eu precisava dizer. Os sócios decidirão o que preferem para a Sociedade.

O DEBATE NA FOLHA | 133

A discussão que precede é especialmente dura, e – como diz Stendhal no *Vermelho e o Negro*, quando fala das fantasias amorosas de Matilde de la Mole – eu preferiria não incluí-la em livro. Stendhal comenta, nessa passagem, que o leitor poderia querer que o autor só falasse em coisas belas; mas, acrescenta, "um romance é um espelho que levamos ao longo de uma estrada". Às vezes, reflete o azul límpido do céu, outras vezes, a lama no chão. Culpar o romancista pelo barro é esquecer a responsabilidade do construtor das estradas.

Igualmente, um dos propósitos de nossa campanha e do presente livro é deixar que as coisas venham a público. Não é tecer acusações. Não é preciso sequer o leitor tomar partido. *É analisar o que significa uma polêmica, num ambiente de debate científico*. O balanço que faço é que nenhuma crítica deve ser omitida, desde que vazada em termos respeitosos e preocupada com o benefício público que dela provenha. O mesmo valeria na direção contrária, e aplaudi a decisão da editora do Boletim da Filosofia, de minha própria Faculdade, no sentido de facultar suas colunas para um aluno que me criticava expor suas razões. Ele não o fez, e lamento que tenha preferido o corredor, a fala sorrateira. Isso não ajuda a construir um espaço democrático, porque aberto e público.

Aliás, a questão de *Ciência e Cultura* que levantei durante o debate se devia a um comentário que saiu na matéria do *Jornal da USP* sobre os candidatos. Apesar de eu ser o único professor da USP na disputa, o artigo foi inteiramente equilibrado. Na sua edição de 12 de maio de 2003, Candotti dizia, "em defesa da autonomia da entidade que pretende voltar a dirigir", não concordar que a revista *Ciência e Cultura* seja uma realização conjunta da Imprensa Oficial do Estado e da SBPC, como é hoje. '*Entendo que a realização conjunta signifique compartilhar também as diretrizes editoriais com a Imprensa Oficial. Isso limita a independência crítica da sociedade*'".

Fiquei preocupado, porque isso poderia comprometer a qualidade e mesmo a existência de *Ciência e Cultura*. Por isso, avisei Carlos Vogt, seu editor, que leu, no debate da *Folha*, o convênio entre a Imprensa Oficial e a SBPC. Esse acordo deixa claro, em sua cláusula segunda, que a Imprensa Oificial arcará com todos os custos industriais, enquanto a parte editorial é competência exclusiva da SBPC. A alegada ameaça à independência não existe. Além disso, o assunto tinha sido amplamente debatido no interior da SBPC e no próprio Conselho, do qual Candotti, como Presidente de Honra, é membro vitalício – e o projeto editorial da revista ficou cerca de um ano no site da SBPC, acrescenta Vogt.

Ciência e Cultura é uma revista importante, porque é quase um símbolo da Sociedade, por ser seu primeiro periódico. Na virada dos anos 80 para os 90, discutiu-se muito sua identidade. Como hoje as ciências exatas e biológicas publicam sobretudo em inglês, decidiu-se fazer dela uma revista de números monográficos que sairiam em língua inglesa. Alguns números foram assim editados, elogiados por todos quanto à sua qualidade. Mas houve dificuldades de financiamento e venda e, sobretudo, resistência em setores da SBPC, que não viam vantagem numa revista em língua estrangeira que não conseguiria romper a barreira internacional, por não pertencer a uma área determinada. Um esforço ingente foi então desenvolvido, resultando no atual projeto editorial, que considero muito bom. E com a vantagem de que não implica nenhum prejuízo de ordem financeira para a Sociedade. Além disso, a maior parte dos periódicos científicos e mesmo de divulgação gera prejuízos e necessita, portanto, ser financiada – o que é, geralmente, por alguma instituição pública, por exemplo, uma agência de fomento. Por que, então, colocar em risco o que andava bem em termos de qualidade, e além disso tem sua estabilidade financeira assegurada?

9
A Campanha Continua

No dia 23, uma sexta-feira, publiquei uma segunda carta segmentada, dessa feita dirigida aos professores do ensino médio e fundamental, justamente aqueles que – segundo a mentira – eu queria excluir da SBPC. Minha idéia era análoga à da carta aos estudantes. Uns e outros formam um contingente de sócios que não se sente no centro das pesquisas científicas. Provavelmente, a maior parte de uns e outros não está filiada a sociedades científicas, que com freqüência formulam exigências adicionais para seus associados. Mas, por isso mesmo, como os queremos presentes e ativos na SBPC, devemos dizer-lhes o que temos a lhes pedir. Aliás, uma sociedade como a SBPC deve ter, em relação a seus filiados, esse tipo de postura: oferecer-lhes pouco, pedir-lhes muito. Ou, para usar uma expressão mais feliz: ela tem que lhes *oferecer* uma *missão*. O que ela lhes deve dar é um papel relevante que eles possam cumprir, na construção de uma sociedade brasileira mais justa por meio da ciência. Deve lhes propor uma tarefa, um trabalho. Esta é a melhor prova de respeito que uma sociedade científica possa ter, em relação a qualquer sócio seu.

CARTA AOS PROFESSORES DO ENSINO MÉDIO E FUNDAMENTAL: A CIÊNCIA NA VIDA DAS PESSOAS

Um ponto decisivo em nosso programa de gestão para a SBPC é a convicção de que a ciência, cada vez mais, desempenha um papel essencial na vida de todos. Cada um de nós veste, come, bebe ciência. Só que a maioria esmagadora de nossa população não o sabe.

A ignorância disso é nociva para a área científica, que ficam sem reconhecimento social para agir – mas, mais que isso, é prejudicial à própria sociedade brasileira, que não percebe o quanto ganhará se usar a ciência em suas vidas de maneira consciente e deliberada.

E aqui está um dos papéis decisivos que vocês, professores de ensino médio e fundamental, podem desempenhar – e que eu, se for eleito Presidente da SBPC, desejo construir com vocês. É mais do que a divulgação científica.

A divulgação desempenhou uma missão importantíssima. Continua sendo muito importante que a ciência de qualidade seja posta ao alcance da sociedade.

Contudo, há uma mudança importante em nosso enfoque. Não queremos apenas fazer as pessoas conhecerem ciência ou despertar vocações. Isto deve continuar a ser feito. Mas devemos ir mais para a frente.

O passo que queremos dar é o seguinte: mostrar que a ciência não é apenas um saber que se transmite às pessoas, mas algo que se incorpora a elas. É algo que elas apropriam, mas geralmente sem o saber. Precisam sabê-lo. Hoje a ciência faz parte essencial de nossas vidas.

Vejam um filme como *Matrix*. As fronteiras entre o biológico e a máquina, entre o natural e o artificial, entre o corpo e os fios que nele se implantam ficam esmaecidas. O filme assusta, sim. Mas podemos vê-lo como uma alegoria do mundo em que estamos entrando – e, aqui, como uma alegoria positiva.

As pesquisas mais recentes fazem prever avanços para a saúde, por exemplo. Este é um modo pelo qual a ciência entra no corpo das pessoas, para dar-lhes maior conforto.

E há ainda o papel decisivo das ciências humanas, também, construindo o que temos de democracia. Nosso regime político está longe de ser perfeito. Continuamos com uma desigualdade social assustadora.

Mas a linguagem das ciências sociais ajudou muito a elaborar os discursos que permitem enfrentar a injustiça e a miséria. Não falo apenas do discurso dos especialistas, mas na voz dos cidadãos em geral.

É só ter uma perspectiva histórica para perceber que não foi nada fácil descobrir que os problemas sociais (a miséria, por exemplo) têm causas sociais (a estrutura da sociedade, digamos) – e não místicas ou religiosas. Um filósofo como Tomás Morus, o autor da *Utopia*, teve enorme papel nisso.

Continuemos. Quem domina melhor a língua e a leitura tem mais condições de decidir sua vida. Conhecer as ciências aumenta minha capacitação profissional mas, além dela, minha qualidade pessoal.

Em vez de as escolas favorecerem a ascensão social apenas dos melhores, devemos ter um ensino fundamental e médio que não faça acepção de pessoas, mas dê a todos os jovens igual acesso aos fatores decisivos para a cidadania, no plano público, e para a qualidade de suas escolhas de vida, no plano privado.

Isso implica uma série de propostas de ensino, e sobretudo de articulação entre as disciplinas. Já sugeri várias vezes, sendo eu de Filosofia, que os professores de Filosofia se unissem aos de História e de Português (por exemplo) para articular seus programas didáticos, no ensino médio. Penso agora que devemos insistir na articulação entre os programas, mas de maneira flexível, porque afinal de contas isso depende de fatores que fogem ao planejamento, como a própria empatia entre dois colegas. No fundo, quase toda matéria pode ser articulada com outra. E isso dá uma força enorme ao ensino.

Neste momento, estou pessoalmente envolvido em dois projetos.

Um é curto e deve sair a público, em breve, no suplemento *Sinapse* [disponível na página eletrônica http://www.folha.com.br/sinapse] da *Folha de S. Paulo*. É um balanço dos livros de filosofia para leigos disponíveis no Brasil. O outro sairá no ano que vem. É um livro com três, talvez quatro, cursos de filosofia política que já dei e que poderão ser ministrados quer no ensino médio, quer no superior. São exemplos de contribuições que devemos à sociedade.

E por isso não acho necessário tornar a desmentir a insinuação maledicente de que, na Presidência da SBPC, eu fecharia as portas da entidade a vocês. É claro que continuarão abertas as portas para os professores. O que proponho, aliás, é bem mais do que isso. É que mostremos à sociedade brasileira que a ciência não é apenas um conhecimento. Não é somente um objeto que as pessoas aprendem. Não é somente o espírito crítico.

Ela é também e sobretudo algo que todo cidadão pode apropriar, que expande suas capacidades e, com isso, aumenta sua liberdade. E é por isso que nosso empenho será na transformação do mundo humano efetuada pela ciência. É desta discussão com a sociedade brasileira que desejo convidar vocês a participar, em lugar de destaque.

Nesta altura, o número de artigos que eu assinara superava amplamente os do outro lado. Na terça-feira, 27 de maio, tratei do tema da Previdência, que eu já abordara duas vezes no site, mas nenhuma no JCE:

A PREVIDÊNCIA E A PESQUISA

A SBPC não é um sindicato. Por isso, não lhe cabe tomar a defesa – ainda que absolutamente legítima – dos interesses dos professores universitários. Esse papel deve caber às entidades sindicais, em especial à Andes.

Nossa missão, enquanto Sociedade, é defender a ciência – que é e deve ser movida por ideais, mais que por interesses. E é por isso que a

SBPC deve discutir a Previdência. E assim merece elogios a postura da presidente Glaci Zancan, na sua entrevista de ontem (26/5) no espaço nobre do jornal *Folha de S. Paulo*.

O debate, da perspectiva de uma Sociedade empenhada no Progresso da Ciência, deve estar baseado numa premissa essencial: *como valorizar, ao máximo, a inteligência*. O que deve preocupar a SBPC, na segunda reforma da Previdência, são as perdas que ela possa infligir à ciência brasileira.

Infelizmente, até hoje todas as reformas foram discutidas, essencialmente, de uma perspectiva atuarial: como "fechar as contas da Previdência". Foi isso o que se alegou, para adiar a aposentadoria do professor universitário.

Uma coisa é dizer ao pesquisador: "trabalhe mais tempo, não temos como lhe pagar sua aposentadoria". Outra, bem diferente, é dizer: "continue em seu laboratório ou escritório, não vá embora, seu trabalho é essencial para o País".

O erro brutal do governo passado foi esse: muitos professores universitários se sentiram tratados como inimigos. E voltam a se sentir assim, diante das novas propostas para a Previdência.

A posição da SBPC deve ser clara. Ela não se deve opor às mudanças, sempre que estiver convencida de sua necessidade e justiça. Mas deve exigir que qualquer alteração no contrato de aposentadoria dos pesquisadores leve em conta, sobretudo, o futuro da pesquisa.

Para dar um exemplo: só na USP, mais de 20 por cento dos professores já poderiam aposentar-se. Se eles continuam trabalhando – *de graça* – é justamente porque um ideal os move.

Será que as contas da Previdência consideram quanto se economiza com essas aposentadorias adiadas *voluntariamente*? Como pretende o governo, como pensam os reitores, lidar com esses ideais? O que até agora se fez foi negligenciá-los.

É necessário também que se entenda que os ideais não estão divorciados dos interesses. São os interesses que viabilizam esses professores

A CAMPANHA CONTINUA | 141

continuarem servindo à sociedade com seu trabalho. Um dos principais traços das sociedades modernas é este: colocar os interesses bem compreendidos a serviço do bom funcionamento da sociedade. (Nem sempre dá certo, mas pode-se tentar).

E para isso é preciso que os laboratórios e bibliotecas tenham recursos, que os alunos de doutorado tenham futuro, que a economia brasileira tenha um projeto integrando a inteligência na produção, ou seja, que a ciência e a tecnologia sejam entendidas como investimento e não como despesa.

Um primeiro passo nessa direção foi a decisão do CNPq de pagar, aos pesquisadores 1-A, um auxílio de bancada, para participação em congressos, compra de material etc.

Aqui está nossa inquietação com a anunciada reforma da Previdência. Ela continua pensando só em contas. Voltando ao começo: não é papel da SBPC defender interesses sindicais, mas é seu dever priorizar a pesquisa, como ideal – e, para isso, somente para isso, dar aos interesses o seu devido valor.

O governo passado teve razoável êxito, junto à mídia, ao colar na comunidade acadêmica a pecha de corporativista. Isso nos enfraqueceu politicamente.

A SBPC deve, por isso mesmo, deixar muito claro que, ao debater a Previdência, está levando em conta mais do que as contas: está considerando como um dos melhores gastos que o País faz (o investimento em Ciência e Tecnologia, a par da Educação e da Cultura) é investimento e não desperdício.

Acabava de sair meu livro *A Universidade e a vida atual – Fellini não via filmes*. A editora Campus lançou-o na Bienal do Livro do Rio de Janeiro, entre 15 e 25 de maio. Esgotou-se a primeira edição em uma semana. Talvez, se tivéssemos organizado um debate na época, beneficiasse a campanha. Comentei o livro no dia 28, quarta-feira:

FELLINI NÃO VIA FILMES

Saiu há poucos dias um livro meu, pela editora Campus, que ainda não tive a chance de ver. Era para se chamar *Fellini não via filmes*, mas a editora preferiu subir o subtítulo para título. Ficou *A Universidade e a vida atua*l, e *Fellini* passou para a letra miúda, embaixo do título.

A expressão vem de uma entrevista que li no *Estado de S. Paulo*, há tempos. O cineasta dizia que, para conceber as imagens que o deixaram célebre, não se inspirava em outros filmes mas em livros, sobretudo romances. E isso não quer dizer que os transpusesse para a tela. Simplesmente, as palavras se convertiam, para ele, em linguagem de cinema.

Tenho pensado, estes anos, em como essa mesma troca entre distintas áreas serviu ao avanço do conhecimento de qualidade. A física e a filosofia modernas nascem quando a geometria é aplicada, como método e procedimento, ao conhecimento que desde então chamamos de científico.

Durante mais de dois milênios, a geometria tinha sido um campo menor e utilitário do saber. O que se respeitava era uma ciência contemplativa, especulativa, hoje quase esquecida. E de repente, no século XVII, tudo isso mudou. Francis Bacon pôs-se a escutar os "mechanicks", como se dizia, entre eles os pilotos de navios. Descartes, Hobbes (este, o filósofo a quem dediquei meu mestrado e doutorado) e Espinosa aplicaram a geometria a ciências novas – a física, a política, a ética, mas sobretudo a filosofia. Há uma belíssima passagem sobre Hobbes, que devemos a seu biógrafo John Aubrey:

"Hobbes completou quarenta anos [em 1628] antes de se debruçar sobre a geometria – o que aconteceu por acidente. Estando na biblioteca de um fidalgo, viu abertos os *Elementos* de Euclides, no teorema 47 do Livro I.

"*Por D...*, disse ele (que de vez em quando praguejava, para dar ênfase ao que dizia), *isto é impossível*! Então lê a demonstração do teorema, que o remete a uma proposição anterior, que também lê.

"E assim por diante, até afinal se sentir convencido, pela demonstração, daquela verdade. *Isto o fez apaixonar-se pela geometria*".

O surpreendente é que Euclides tenha tardado dois milênios a surtir esse efeito sobre o conhecimento. Sem o casamento da geometria com o que se chamava filosofia e abrangia todo o conhecimento rigoroso, não teríamos a ciência moderna nem a tecnologia. Lembro duas passagens desses grandes filósofos-cientistas. Bacon: "conhecimento é poder"; Descartes: a meta da ciência é tornar-nos "senhores e donos da natureza".

O que isso nos ensina? Que é importante freqüentar a ciência do lado. Um dos maiores historiadores das mentalidades, Georges Duby, dizia que sua disciplina devia muito à etnologia. Há cientistas que resolveram problemas vendo uma pintura. Há práticas ou procedimentos que são correntes numa disciplina, mas só explodem com toda a sua riqueza quando se vêem transferidos para outra.

Aqui está o papel do ensino interdisciplinar, como o que Regina Markus, candidata a Secretária Geral da SBPC, dirige há anos no curso de Ciências Moleculares da USP, e o que eu montei, no projeto do curso de Humanidades da mesma Universidade. Mas há mais do que isso.

Há um desafio que penso valer sobretudo para as Ciências Humanas, e que é o eixo de meu livro citado. Será que não estamos vendo filmes demais? Será que não nos falta um pouco de freqüentação dos outros campos do saber? É possível que essa visita aos vizinhos nos desestabilize, mas isso só pode ser bom.

Receio muito as convicções demasiado precoces, no campo da ciência. Num mundo em que a ciência está se tornando fator decisivo de poder, e em que ela vive rápidas mutações, devemos fazer da instabilidade um trunfo, mais do que uma ameaça.

Afinal, o mesmo René Descartes que trouxe a geometria como paradigma para o pensamento moderno foi o filósofo da dúvida radicalizada (o termo técnico é "hiperbólica"). E penso que essa dúvida, pondo em xeque todas ou quase todas as crenças a ele transmitidas na escola, foi tão importante quanto o modo geométrico, na fundação da filosofia e da ciência modernas.

Não pretendo impor estas opiniões. Certamente muitos discordarão – e eu os respeito. Mas o que podemos e devemos fazer é abrir espaço para mais discussões. Para mais dúvidas. Já afirmei que, na SBPC, iremos criar fóruns de debate – e de tomada de decisões – sobre os assuntos mais presentes, hoje, na Universidade e na sociedade. E para isso conto com o apoio de vocês, e dos candidatos à Diretoria que apóiam o programa *Por uma SBPC com maior atuação social* – Vogt e Jailson, Regina, Ana Maria e Vera, Aldo e Humberto.

No dia 29, quinta-feira, registrei uma discussão importante de que participei quando fui membro do Conselho Deliberativo do CNPq, e que tinha impacto direto sobre a idéia de "uma SBPC com maior atuação social":

O BENEFICIÁRIO SOCIAL DA PESQUISA

Quando fiz parte do Conselho Deliberativo do CNPq, fui convidado pelo então presidente José Tundisi a relatar uma nova idéia, que a nós, membros da comunidade científica que pertencíamos a esse colegiado, causou inicialmente um certo choque. Isso ocorreu na passagem de 1996 para 97, e lembro que tivemos uma reunião no Instituto de Matemática Pura e Aplicada (IMPA), no Rio de Janeiro, a convite de Jacob Palis, colega no CD. Foi uma das discussões mais frutíferas de que já participei.

Um documento que tínhamos recebido dos setores técnicos do CNPq falava em "beneficiário da pesquisa". Para nós, era óbvio que esse só poderia ser o pesquisador, que recebia numa conta vinculada o auxílio concedido pela agência de fomento. Para isso damos, aliás, o CPF.

Mas a leitura atenta do documento mostrava que não era essa a questão. Beneficiário da pesquisa seria aquele em cujo benefício a pesquisa é feita. Por exemplo, uma vacina contra a febre amarela, para tomarmos um exemplo antigo mas que há um século causou uma revolta histórica, teria por beneficiárias todas aquelas pessoas suscetíveis de ter essa doença.

É claro que esse conceito, já por ser novo, causava estranheza. Mas além disso nos preocupava que ele prejudicasse a pesquisa em ciência básica. É claro que nela, assim como na minha área, a Filosofia, os beneficiários nesse sentido são difíceis de se identificar. É claro que a pesquisa mais descompromissada com resultados concretos é importantíssima, e que sem ela a ciência corre o risco de se atrasar.

Quisemos esclarecer isso. Fizemos questão, no relatório que levamos ao CD, de enfatizar a importância da pesquisa que não tenha intuitos imediatistas. Mas mesmo nesse caso, observamos, surgem beneficiários. Se a pesquisa for bem feita, ela forma cientistas, mesmo que não resulte de pronto em descobertas.

Contudo, com todas essas reservas, a idéia era e é notável. Ela significa introduzir, na discussão da política científica, o que eu chamaria de uma "terceira pessoa". Estamos acostumados, e esse é uma das grandes qualidades do mundo da pesquisa, a um uso constante da primeira e da segunda pessoas. O melhor que há na ciência é a descoberta, que geralmente vem de um "eu" ou de um "nós", portanto, da primeira pessoa – e o diálogo e a discussão, que envolve um "você" ou "vocês", e portanto a segunda pessoa.

Mas há também os ausentes dessa conversa. O mundo acadêmico é pequeno, em comparação com a sociedade como um todo. E a pesquisa, em última análise, se dirige para ela. É ela que constitui nossa terceira pessoa. Como lidamos com ela?

Há vários modos.

O primeiro e mais evidente é termos em mente para quem se dirige nosso trabalho. Que efeitos ele terá. Mesmo numa área tão teorética quanto a Filosofia, tem havido cada vez mais livros sobre a cultura política nacional, analisada com os instrumentais filosóficos. É o caso de livros que saíram nos últimos anos, de Ernildo Stein, Gerd Bornheim,

Marilena Chauí, Coelho de Sampaio e também um meu. Há públicos internos e externos. Há efeitos sobre a sociedade.

Mas há outras formas de lidar com a terceira pessoa. Tenho defendido a importância de irmos além da divulgação científica, trabalhando com a idéia de apropriação social do conhecimento de qualidade. Isso quer dizer: de que modo se incorpora, na prática dos cidadãos, o conhecimento científico? (E poderia acrescentar o artístico). Não é apenas a questão de conhecer ciência. É o modo como ela entra na vida da sociedade. Em algum momento, teremos que dispor de estudos aprofundados sobre como o conhecimento da ciência, pelo leigo, melhora suas escolhas éticas, sociais e políticas.

Termino com um exemplo que tenho discutido com meus orientandos. Quando se lê um jornal, o que nele veio das ciências? Não falo só da editoria de Ciências. Vejam a parte de política nacional e quantos cientistas políticos nela falam. Examinem o caderno de Cotidiano ou Cidades, e quantos sociólogos tratam da violência. Leiam a parte de Cultura, e quantos historiadores, antropólogos, críticos literários e filósofos nela se expressam. Tudo isso está sendo incorporado. Estará melhorando, com isso, a qualidade das escolhas de nossos cidadãos? Penso que sim. Continuarei amanhã.

Continuei, então, no dia 30, uma sexta-feira:

OS BENEFÍCIOS SOCIAIS DA PESQUISA (CONT.)

Ontem comentei como os jornais, por exemplo, incorporam o que o mundo da pesquisa lhes diz. Até segmentei essa demanda: sociólogos aparecem mais falando em violência, cientistas políticos no caderno de política nacional, as demais ciências humanas nos cadernos de cultura. Esses são exemplos de como a pesquisa se difunde.

Mas o que mais importa não é apenas que as pessoas tomem conhecimento do que a ciência tem a lhes dizer: é que elas melhorem a qualidade de suas escolhas. Para explicar melhor o que entendo, vou distinguir dois modos de absorção da pesquisa pela sociedade. Um deles é o do mercado. O outro deles é o do público.

Invenções costumam ir para o mercado. Patentes, nas quais ainda engatinhamos (e devemos crescer cada vez mais nessa área), se convertem em produtos. Esses são produzidos e distribuídos segundo uma construção política e econômica que se chama mercado. Insisto em dois pontos. O mercado é a melhor, ou a menos ruim, forma de distribuir a produção, desde que seja controlado pelo poder público.

E o segundo ponto é que ele não existe sem o poder público. Não há mercado independente da política. Basta ver o que seus defensores mais acérrimos querem, do Estado que chamam de mínimo: que ele cuide apenas da segurança pública. Não é a confissão de que, diante das desigualdades acentuadas pelo mercado descontrolado, eles querem que o Estado reprima – com a polícia – qualquer indignação popular?

Mas há todo um universo do que fazemos, na academia, que não entra na sociedade pelo mercado. Entra pela formação de um público, isto é, de um conjunto de pessoas que assistem, ouvem, lêem – mas também discutem e refletem. Esse público não é público só porque assista a uma ação alheia, como a platéia de um teatro. É público também porque tem a dimensão pública, a de um espaço comum a todos. E por isso mesmo ele pode reagir – e agir.

Sabemos razoavelmente bem como as invenções científicas chegam ao mundo da produção. Comentamos menos, e talvez saibamos menos, como as descobertas da ciência chegam ao público. Mas chegam, e mudam a consciência das pessoas. Lembrem o impacto que causaram as descobertas de Darwin – um choque tão grande que quase cem anos atrás, num célebre processo, um professor norte-americano foi perseguido por ensinar o evolucionismo. O exemplo, aliás, é bom: em parte dos Estados Unidos, uma superstição chamada "criacionismo" ainda é lecionada com dinheiro público.

Agora, o que significa os cidadãos aprenderem as melhores hipóteses científicas, em vez de uma pseudo-ciência? Isso significa ficarem eles mais capacitados para agirem como sujeitos autônomos, quer nas suas escolhas pessoais, quer nas suas opções políticas. Por exemplo, dez anos atrás, quando a mídia e a polícia paulistanas crucificaram os donos de uma escola infantil por abuso sexual de crianças – o que depois se descobriu que não era verdade: se as pessoas conhecessem uma das primeiras e principais descobertas de Freud, elas teriam desconfiado que as crianças poderiam estar fantasiando sobre sexo. Destinos humanos teriam sido poupados.

Gente que sabe que a Terra não é o centro do universo ou que o homem não foi criado no sétimo dia está mais apta a decidir seus rumos. Talvez isso seja ainda mais óbvio no caso das ciências humanas, porque suas descobertas se referem diretamente à vida humana e social. As pesquisas sobre a violência, quando mais conhecidas, dissiparão muitos preconceitos que há sobre o crime e poderão descartar muitas soluções demagógicas.

Com todas as deficiências de nossa democracia, vê-se que em dezoito anos o entulho autoritário tem sido removido, e isso pelo voto. Sem dúvida, isso é fruto da melhor informação, e nela nós temos uma parte importante. Mas não penso que sejam só as ciências humanas, obviamente as mais presentes nas páginas dos jornais e as que falam mais diretamente à experiência das pessoas, que atingem a consciência do público.

Basta pensar na enorme audiência que tem qualquer discussão sobre saúde. E basta ver como, espontaneamente, a mídia chama médicos de qualidade a orientar a opinião pública para cuidar melhor de seu corpo.

O que proponho é que tomemos mais consciência desse papel que temos desempenhado, na melhora dos fatores que ajudam as pessoas a escolher com liberdade e qualidade – e, assim, que aumentemos exponencialmente esse papel. Devemos gerar mais patentes, sim. E devemos também aumentar nossa contribuição para o público.

Comecei o mês de junho e a semana do seu dia 2 com uma apresentação do curso que montei na USP, uma graduação interdisciplinar em Humanidades, que resultou em livro e em ampla discussão. Isto, aliás, ilustrava bem uma convicção, que é a de que tudo deve ir a público. Será tanto mais rico o trabalho de pesquisa, quanto mais ele resultar em efeitos para a sociedade como um todo. Um modo de alcançar isso é pelo que se chama tecnologia. Aldo Malavasi, por exemplo, montou no Ceará uma fábrica de moscas, na qual produz machos estéreis que, assim, farão que em poucos meses a reprodução desse inseto caia praticamente a zero na zona em que sejam espalhados os "produtos" da fábrica. Em Humanas, o equivalente exato a isso existe pouco, mas há a passagem à consciência pública dos resultados de uma pesquisa. É o que chamo *formar um público*, além de produzir para oum *mercado*. O curso de Humanidades, quando existir, terá um site e outras formas de transmissão à sociedade de seus resultados, sejam eles sucessos, sejam fracassos – que acho que serão bem poucos, mas espero que existam: se não, ele não será experimental.

Aliás, esta própria campanha só tem sentido ser avaliada, aqui e agora, porque teve também seus fracassos. Menos gente colaborou no site, menos gente entrou nele, menos gente votou em mim do que seria desejável. Mas por isso mesmo a experiência é interessante. Ela abriu um novo caminho. E ele será trilhado, no futuro, com maior êxito.

EXPERIMENTAR UMA NOVA GRADUAÇÃO

Em 1991 o prof. Erney Plessman de Camargo, então pró-reitor de Pesquisa da USP, criou – com apoio do reitor Roberto Lobo e do pró-reitor de Graduação, Celso Beisiegel – um curso de graduação novo, interdisciplinar, em Ciências Moleculares. A idéia foi ótima. Os alunos não prestavam vestibular diretamente para esse curso. Qualquer aluno da USP, mesmo de Letras, estivesse no início ou no fim da graduação, poderia fazer a seleção para o novo curso.

Este curso já tem mais de dez anos, e continua se chamando experimental. Sua coordenadora, há vários anos, é a profa. Regina Markus, minha candidata a Secretária Geral da SBPC. Como não há uma grade fixa das matérias, o diploma não entrega pessoas ao mercado de trabalho. Ele forma pesquisadores. Alguns foram fazer doutorado direto no estrangeiro. É um êxito.

Alguns anos atrás, a profa. Ada Grinover, que era pró-reitora de Graduação da USP, me convidou a organizar um curso análogo na área de Ciências Humanas. Vários colegas foram de um apoio inestimável, a começar por Regina Markus, que me deu todas as informações possíveis.

Ada Grinover teve a grande idéia de não submeter o projeto ao Conselho Universitário sob a forma convencional do processo xerocado. Providenciou que ele fosse editado em livro, que se chama *Humanidades – um novo curso na USP* (Edusp, 2001). Foi então direto para a opinião pública, intra e extra muros da Universidade.

A obra conta com uma apresentação minha, contendo a filosofia do projeto, com o projeto propriamente dito – e artigos de Olgaria Matos, Teixeira Coelho, Gilson Schwartz e Celso Beisiegel. O projeto pode ser lido no site http://naeg.prg.usp.br/humanidades/.

Qual é o projeto? O aluno entra na USP pelo vestibular comum. Com isso, o curso experimental de graduação em Humanidades não precisará fazer um vestibular com conteúdos fechados e predeterminados. A seleção se fará quando o aluno de graduação tiver concluído um ano ao menos de seu curso de origem – e levará em conta "a cabeça bem feita, mais que bem cheia", como dizia Montaigne.

O aluno passará dois anos tendo cursos que chamei de "Linguagens", que não serão panorâmicos, mas ensinarão o cerne de linguagens bem diferentes – como ler um texto (ou uma experiência) a partir da Filosofia, ou da Literatura, ou da Antropologia, ou do Direito. Rompemos assim com o que chamo o "unilinguismo intelectual". Para pensar, é preciso ser poliglota.

No terceiro e quarto ano do curso, o módulo se chama "Itinerários". Cada aluno fará um trabalho de iniciação científica seguindo matérias de sua escolha e com um orientador. A dissertação de conclusão de curso poderá ser defendida perante uma banca de professores.

O impressionante é que um curso destes pode ser barato. Ele não terá um departamento para si, nem muitos funcionários (já está difícil conseguir dois, que é o necessário; mas qual curso vive, na Universidade, só com dois funcionários? Este viverá). Os professores serão, na sua maioria, da própria Universidade.

Mas um dos pontos importantes é que um curso assim experimental pode transferir seus resultados para os cursos em geral. O que acertarmos e mesmo o que errarmos poderá ser aproveitado. Talvez possamos reduzir muitos dos pré-requisitos e da burocracia que hoje ronda a academia. Ele pode funcionar como um laboratório de idéias para cursos.

Não espanta que o curso de Humanidades esteja sendo comentado pelo País. Na USP, infelizmente, entraves burocráticos – que espero sejam superados este ano – atrasaram sua implementação. Outras Universidades, porém, por suas reitoras (cito as da UFMG e da UFRGS), manifestaram interesse nele. O livro tem circulado amplamente. E é um dos primeiros cursos do País a ter um site antes mesmo de começar a funcionar.

Conto esta história para mostrar o compromisso que temos, nós que defendemos o programa *Por uma SBPC com maior atuação social*, com uma renovação enriquecedora dos currículos de graduação. Regina é nossa candidata a Secretária Geral. Eu, a Presidente. Junto com Carlos Vogt e Jailson de Andrade, candidatos aos dois cargos de Vice-Presidente, Ana Maria Fernandes e Vera Val, candidatas a dois cargos de Secretárias, Aldo Malavasi, a Primeiro Tesoureiro, e Humberto Brandi, a Segundo Tesoureiro, estamos empenhados na melhora do ensino brasileiro.

10
Encontro com o Presidente Lula

Em 6 de maio, um grupo de intelectuais se encontrou com o ministro Luis Dulci, da Secretaria Geral da Presidência da República. A *Folha de S. Paulo* comentou esse fato no domingo 18 do mesmo mês, dando-lhe excessiva ênfase, porque nos apresentava como conselheiros do Presidente, o que não era o caso. Na verdade, este grupo nascera, uns três anos atrás, de encontros de Lula com o professor Antonio Candido, um de nossos críticos literários e intelectuais mais respeitados, e se expandira para outros nomes. Depois das eleições, algumas pessoas deixaram o grupo e outras, entre as quais eu, nos vimos convidadas a integrá-lo.

Mais três semanas, no dia 30, tivemos novo encontro, dessa vez só entre nós. E um convite, para que daí a quatro dias nos avistássemos com o Presidente Lula. Eu já tinha conversado com ele três ou quatro vezes, em pequeno grupo, uma delas na reunião da SBPC em Natal, no ano de 1998, quando ele – candidato à Presidência – foi recebido pela Diretoria, da qual eu fazia parte, como Secretário. Lula é sócio da SBPC, como já lembrei, mas é óbvio que desse encontro eu participei a título pessoal, e não como candidato.

O convite à reunião com o Presidente me fez pensar em duas coisas. Por um lado, informar isso aos sócios fazia parte de um imperativo de transparência. Deveria relatar o que disse e em que termos concebo a relação da SBPC com o Governo. E, por outro, eu estava na posição de repórter. Tanto assim que, logo depois do encontro, o editor do *Jornal da Ciência* pediu-me que escrevesse uma matéria, não mais como candidato, para a edição em papel daquele periódico, que circularia uma vez encerrada a votação. Assim, o relato abaixo teve três versões. Uma mais extensa, que saiu no site, e que vocês lerão agora. Uma mais curta, limitada às sessenta linhas usuais, que o JCE publicou no dia 4. Outra, também breve, que saiu na edição impressa do *Jornal da Ciência*. O encontro teve lugar no dia 3 de junho, no escritório da Presidência da República em São Paulo, que fica no Banco do Brasil, na esquina da avenida Paulista com a rua Augusta.

ENCONTRO COM O PRESIDENTE LULA

Estive ontem, dia 3 de junho, com o Presidente da República, Luís Inácio Lula da Silva, em seu escritório de São Paulo. A televisão ontem, e os jornais hoje, mencionaram o encontro. Aqui trato dele com mais detalhe do que no artigo que escrevi para o Jornal da Ciência E-mail de hoje.

O encontro deveria durar duas horas e durou três. Começou com meia hora de atraso, às 10h30, mas só terminou às 13h30. Foi uma reunião do Presidente com um grupo de intelectuais, dos quais a maior parte (mas não eu) filiados ao Partido dos Trabalhadores. Esse grupo se reúne com ele há vários anos, incluindo os professores Aziz Ab'Saber, Presidente de Honra da SBPC, Fabio Konder Comparato, Maria Vitória Benevides, Paul Singer e os críticos Maria Rita Kehl e Eugenio Bucci, além de outros.

Fui convidado a fazer parte dessas reuniões só este ano, quando o Presidente reduziu sua freqüência. São quase vinte intelectuais, todos de Humanas. A curiosidade é que cinco são de Filosofia: Olgária Matos, Wolfgang Leo Maar e eu, que falamos ontem, e Marilena Chauí e Sergio Cardoso, que desta vez não falaram.

Um primeiro encontro teve lugar há um mês, com a presença do Ministro Luis Dulci. A idéia é que os intelectuais se reúnam regularmente, discutindo o que pensam do Governo e lhe podem sugerir, e que a discussão inclua eventualmente um Ministro. A *Folha de S. Paulo* cobriu extensamente, numa edição de domingo, poucas semanas atrás, o primeiro encontro – embora exagerasse, ao apresentar os intelectuais em questão como conselheiros do Presidente, o que não somos.

O tom geral foi de preocupação com a política social, que está demorando a começar. Nos termos de Amélia Cohn, que é uma autoridade na discussão política da saúde: é preciso recuperar a ousadia das políticas do PT na área social, várias das quais acabaram sendo incorporadas por outros partidos e até países, tal o seu relevo. A política econômica suscitou inquietação, mas não foi o tema principal. Criticou-se a política de juros altos e a redução da atividade econômica, porém o eixo das falas foi o de que comecem logo as políticas que constituem o diferencial do PT.

Aliás, a marca do PT está em politizar a discussão, conforme comentou Maria Rita Kehl, psicanalista e crítica de televisão, preocupada com o fato de que o debate das reformas está sendo conduzido em termos supostamente técnicos e não políticos.

Neste quadro, falei ao Presidente das preocupações da comunidade acadêmica. Tomei a questão da Previdência como exemplo. O governo Cardoso deu a entender, por suas ações, que considerava a reforma previdenciária como simples questão atuarial. Implicitamente, ele dizia aos professores: vocês são um ônus, um fardo. Afirmei que seria muito diferente a reação da comunidade – e também a política do governo – se nos dissessem, em vez disso: "vocês são preciosos, não queremos abrir mão de sua capacidade".

Não se trata, continuei, de sugerir que mude a propaganda – mas que haja políticas públicas definidas. Se a Ciência e a Tecnologia são preciosas, manter o pesquisador na ativa implica dar-lhe condições de trabalho boas. Significa prestigiar a pesquisa. Aliás, elogiei o CNPq, pelas medidas que adotou agora (referindo-me ao auxílio de bancada recém-introduzido).

Foi por não pensar assim – continuei – que o governo passado promoveu um relativo desmonte das Universidades públicas, só atenuado em certa medida por uma gestão basicamente positiva que foi a de Ronaldo Sardenberg, no Ministério da Ciência e Tecnologia, com a criação dos Fundos Setoriais, mas isso enquanto o MEC e o Ministério da Administração guerreavam os professores. É isso o que o novo governo *não* deve fazer.

Acrescentei que a reforma da Previdência está sendo promovida sem regra de transição. Isso gera insegurança. O governo passado pelo menos utilizou uma regra de três para equilibrar o regime anterior e o novo.

E concluí dizendo que falta uma sinalização do que é a diferença deste governo. Começar a pauta legislativa pela emenda do Banco Central não foi boa idéia. Uma medida mais favorável ao trabalho deveria ter, simbolicamente, inaugurado a nova gestão.

Olgária Matos, titular, como eu, de Filosofia na USP, colocou a questão de direitos e privilégios. Numa sociedade como a brasileira, disse, direitos (como os do servidor) passam por privilégios. O risco disso é desmontar o serviço público, alertou.

O prof. Wolfgang Leo Maar, da UFSCar, também tomou a defesa da C&T. Temos as melhores universidades da América Latina e as melhores ao sul do Equador, disse ele. Não podemos deixar que se degradem. Não podemos pôr em risco esse sistema. Daí que devamos insistir na educação pública. E daí que Wolf propusesse um "choque de educação".

O Presidente Lula, na sua resposta, nos pediu que criticássemos tudo o que quiséssemos, que seríamos ouvidos. De sua fala, que durou 30 ou 40 minutos, quase dez foram dedicados às questões que lhe formulei. Ele disse que sempre, desde os tempos de líder sindical, foi contra a aposentadoria do professor universitário aos 53 anos de idade (por curiosa coincidência, é essa a minha idade, mas não vou me aposentar tão cedo), quando está no auge, ou de uma procuradora da União aos 48 anos. É uma questão de princípios, disse.

Mas concordou que é preciso valorizar o pesquisador. Falou da importância do MCT. O ministro Antonio Palocci, aliás, antes disso tinha também comentado, em resposta ao que eu disse, o caráter estratégico da C&T para o desenvolvimento. E tive a impressão de que os Fundos Setoriais são respeitados pelo primeiro escalão do Governo.

É bom notar que o ministro Palocci lembrou que quer gerar um superávit de 4,25% nas contas públicas – mas se está chegando, disse, a 6,5%. Quer dizer que há 2,25% do orçamento que os Ministérios não estão gastando, e que podem despender.

É óbvio que isso não justifica uma política irresponsável de gastos. Tenho insistido que, se a SBPC tiver uma gestão que gaste sem controle, o governo não salvará nossa Sociedade. Mas isso abre espaço a investimentos.

Outro ponto foi o aumento dos funcionários públicos. O Presidente Lula avisou que não adianta pressionar o governo em janeiro. É agora, quando o orçamento está sendo discutido, que se pode prever o aumento do ano que vem. Em janeiro ou março, é tarde. É claro que isso implica dizer à sociedade quanto dinheiro irá para os funcionários públicos. Mas é um imperativo político. Moral da história: temos que aprender a atuar de outra forma, agindo mais junto ao Congresso.

O jurista Dalmo Dallari, pelo lado dos intelectuais, e Marco Aurélio Garcia, assessor de relações internacionais do Presidente (mas também professor da Unicamp), comentaram o respeito internacional que Lula granjeou. Dallari chegou a contar que, recentemente, esteve na Argentina – e "pela primeira vez, ouvi argentinos elogiarem com entusiasmo o Presidente do Brasil" (risos, é óbvio). Garcia atribuiu o sucesso internacional a dois fatores. Não houve a tragédia anunciada – que o *Financial Times*, aliás, achava que viria com Serra ou Lula, tal o estado da economia no final do ano passado. E Lula mudou a agenda internacional dos países subdesenvolvidos, deslocando o eixo da questão tão só do equilíbrio financeiro para a da fome.

O Presidente Lula então falou da importância das relações com a América do Sul. "Estivemos quinhentos anos de costas para ela", disse, e é hora de reforçar nossas relações. O Brasil pode avançar sozinho, os outros países não. Mas é melhor para todos agirmos em conjunto.

É claro que merece menção o que falou nosso Presidente de Honra. Aziz Ab'Saber disse de sua preocupação com a concessão de florestas públicas, em especial na Amazônia, dando continuidade a um projeto de lei do final da gestão de Fernando Henrique Cardoso, o qual ele desaprova. E também manifestou estranheza ante uma declaração do Presidente Lula, prometendo transpor as águas do rio São Francisco, o que parece errado a Aziz, pelo menos sem amplos estudos científicos prévios. O ministro Luis Dulci respondeu a ele, dizendo que Marina Silva, do Meio Ambiente, não adotará a mesma política de concessão das florestas definida no fim do governo passado. E Lula disse que tinha falado em transposição das águas mas sem dizer de qual rio – e um jornalista baiano entendeu errado. Até o presidente brincou, então, dizendo – como pernambucano – que poderia pensar no Capiberibe, que junto com o Beberibe, "como se sabe, forma o Oceano Atlântico". Deseja melhorar a oferta de água no sertão, mas não sem estudos científicos.

Concluindo: tanto eu quanto os colegas que lá estivemos fomos convidados a título pessoal. Ninguém de nós estava lá em função de cargo ou de representação. Nem mencionei, embora Lula (sócio adimplente da SBPC, é bom lembrar) o soubesse, que sou candidato a nossa Presidência. Mas penso que devo dar conta aos sócios do que falamos. E penso que é positivo um Presidente da República receber intelectuais pela autoridade moral que têm, obtida em seu trabalho, e não pelo cargo que exerçam. "Este é um governo de ação e de idéias", concluiu Marco Aurélio Garcia. As idéias, tenho insistido ao longo desta campanha, têm autoridade. Elas podem ser ouvidas até por quem está na Presidência.

A repercussão do encontro foi positiva. Maria Cristina Fernandes, editora de Política do jornal *Valor Econômico*, o diário de economia com maior circulação nacional, telefonou-me no dia seguinte e dedicou a esse assunto a maior parte de sua coluna da sexta-feira, dia 6 de junho; transcrevo a parte que diz respeito a nossa conversa:

LULA DESCOLA DA CRISE COM PALOCCI A TIRACOLO

Maria Cristina Fernandes

Intelectual sofisticado, o professor titular de filosofia da Universidade de São Paulo, Renato Janine Ribeiro, um dos interlocutores de Lula durante sua passagem por São Paulo, ouviu várias de suas metáforas durante o encontro. Não saiu encantado ou enfadado, mas convencido de que sua retórica funciona. "É um engano imaginar que Lula se dirige às pessoas como se fossem seus filhos. Ele fala de suas experiências como pai para gerar simpatia em outros pais. Isso é muito diferente do paternalismo tradicional", diz o filósofo.

Janine disse ao presidente que nesses cinco meses faltou uma sinalização do que é a diferença deste governo. "Começar a pauta legislativa pela emenda do Banco Central não foi boa idéia. Uma medida mais favorável ao trabalho deveria ter, simbolicamente, inaugurado a nova gestão", disse o professor ao presidente segundo o relato da reunião em seu sítio na internet (www.janine-na-sbpc.com.br).

Pressionado sobre o salário do funcionalismo público, Lula disse aos professores que não adianta pressionar o governo em janeiro. O momento é agora, quando o Congresso começa a discutir o orçamento. No encontro, Lula teve uma recaída à Fernando Henrique Cardoso, no hábito de falar para diferentes platéias o que cada uma quer ouvir. Questionado pelo geógrafo Aziz Ab'Saber, seu companheiro de caravana da cidadania, sobre a promessa, a platéias nordestinas, de transpor as águas do Rio S. Francisco, Lula não fez cerimônia. Segundo o relato de Janine, disse que tinha falado em transposição das águas, sem dizer de qual rio – e um jornalista baiano entendeu errado. O presidente então brincou dizendo que – como pernambucano – poderia pensar no Capiberibe, que, junto com o Beberibe, "como se sabe, forma o Oceano Atlântico". Garantiu que quer melhorar a oferta de água no sertão, mas não sem estudos científicos.

Uma das melhores notícias do encontro parece ter vindo, paradoxalmente, do ministro da Fazenda. Segundo Janine, Palocci lembrou que quer gerar um superávit de 4,25% nas contas públicas – mas se está chegando, disse, a 6,5%. "Quer dizer há 2,25% do orçamento que os ministérios não estão gastando e que podem despender", conclui o filósofo.

Nem o alento do ministro Palocci fez Renato Janine Ribeiro sair do encontro convencido da capacidade do presidente e de sua equipe de mudar o rumo da política econômica. Ouviu de Lula que se a esquerda não der certo com ele não dará com mais ninguém. Não discorda do presidente nem desacredita de sua intenção de mudar, mas tem dúvidas sobre as condições para fazê-lo.

Prosseguia a campanha. No dia 5 de junho, quinta-feira, toquei em outro assunto delicado. Geralmente, quem defende ensino público fala em gratuidade – seja para defendê-la (caso da UNE, dos sindicatos docentes, das Universidades públicas), seja para atacá-la (como faz boa parte da imprensa). Minha tese é que com isso se perde de foco o sentido principal do que é *público*. Sabia que com isso daria alguma munição a ataques, por exemplo, dos defensores da gratuidade. Deixei claro então que a considero importante – mas não o cerne da questão. Na verdade, já sentira durante o debate na *Folha* que há uma grande diferença entre sugerir medidas cuja conta seja paga pelo Poder Público, e formular uma responsabilidade mais ampla, de toda a sociedade, pela constituição de um espaço público que vá bem além da esfera estatal. Na verdade, a diferença não se refere apenas ao cuidado com o dinheiro público. Ela expressa duas visões distintas do papel da SBPC e da missão da comunidade científica. A mais antiga concebe o Estado como interlocutor principal e decisivo da Sociedade. A mais moderna se dirige cada vez mais para a sociedade como um todo, contribuindo para colocar o Estado a serviço dos cidadãos e para dissolver seu papel de excessivo mando.

O CARÁTER PÚBLICO DO ENSINO PÚBLICO

Defendemos o ensino público. Mas este compromisso com ele inclui um alerta: infelizmente, muita gente a favor do ensino público o reduz a um ensino gratuito. Na verdade, a educação ministrada nas escolas públicas não é grátis. É paga pela sociedade.

O problema é que, reduzindo o ensino público a sua gratuidade, enfraquecemos sua defesa. Enfraquecemos, aliás, a compreensão do que é o caráter público da educação. Ele não consiste só em dar ensino de graça. (E friso que sou contra o ensino público pago). Mas o caráter público deve residir, sobretudo, na destinação pública da formação que damos.

Perguntei terça-feira ao prof. Dalmo Dallari, que esteve comigo na reunião de vinte intelectuais de Ciências Humanas com o Presidente Lula, o seguinte: nas Faculdades públicas de Direito, dá-se igual ênfase ao estudo dos Direitos Humanos e ao do Direito Comercial e Tributário? Já imaginava a resposta: "Não".

Esse é um problema. Nada tenho contra a formação de bons profissionais que atuem em todos os espectros do mercado. Mas uma Universidade pública não deve pensar para que ela formará seus alunos? Numa sociedade desigual como a nossa, a formação graduada não pode omitir a injustiça e a iniqüidade em que vivemos.

Isso quer dizer, primeiro, que os programas devem dar importância ao que dêem à sociedade. Uma Faculdade de Direito deve dar especial relevo aos Direitos Humanos. Uma Faculdade de Saúde Pública deve merecer especial destaque. E por aí vai.

E, segundo, que o aluno deve, pelo menos, ter chamada sua atenção para o que significam suas opções. É claro que ele deve escolher a via profissional de sua preferência. Mas não devemos deixar sua vida fácil, caso ele opte pelo caminho do lucro e da irresponsabilidade social.

Hoje, quantos alunos não saem da Universidade pública, convictos de que nada devem nem a ela nem à sociedade? Estão errados. Seu diploma não pode ser entendido como um patrimônio privado.

Ele resulta de um empenho público. Condenamos, tantas vezes, a corrupção – e esquecemos que o cerne dela é, simplesmente, a *apropriação privada de algo que em sua essência é público*. Considerar um diploma como apenas um bem privado não é ético.

O que devemos fazer, então? Conclamo a comunidade acadêmica a repensar os currículos. Devemos pensar, em especial no tocante à Universidade pública, mas não só, em quem está sendo beneficiado pelas disciplinas que compõem a graduação. Não basta falar em favor do Fome Zero, ou dizer que temos um engajamento na redução da miséria. O que podemos fazer, no âmbito do ensino de graduação, é pensar nas prioridades que temos tido, e de que modo, *sem nenhuma queda na qualidade*, as podemos ou mesmo devemos alterar.

E, em segundo lugar, devemos nos preocupar em dar aos alunos um senso de sua responsabilidade social. Isso não deve ser feito só pelos professores. Não se confunde com a Educação Moral e Cívica de má lembrança. Deve ser discutido com o movimento estudantil. Os estudantes não devem ser chamados a ouvir, mas a dialogar, em torno de sua responsabilidade pela sociedade brasileira.

Uns anos atrás, Simon Romero, que era correspondente do *New York Times*, me ligou com uma preocupação. São Paulo, disse, tinha a terceira maior frota de helicópteros privados do mundo. Isso o chocava. Perguntou-me o que eu achava.

Respondi: nossos ricos não se sentem responsáveis pela injustiça social. Falam dela como se viesse de Marte. (Veja o artigo do *New York Times* abaixo). Aliás, um filme ótimo como *Cidade de Deus* me parece ter esse mesmo erro: das causas da miséria, nem palavra. É essa inconsciência social que devemos combater.

No *New York Times* de 15 de fevereiro de 2000, Simon Romero escrevera um artigo com o título "Rich Brazilians rise above rush-hour jams" (Brasileiros ricos voam sobre os congestionamentos da hora do *rush*). Entrevistava pilotos e vendedores de helicópteros (que eram já oitocentos, a maior parte deles pertencendo a empresas, que portanto lançam os custos com eles em seus balanços). Falava do péssimo transporte público paulistano e dizia que "guiar um carro é assustador". Mostrava que vários desses helicópteros são utilizados para ir à fazenda ou à praia no fim de semana. "Um membro de minha congregação", contava o rabino Henry Sobel, "vem regularmente ao culto de helicóptero, para escapar ao horroroso trânsito das sextas-feiras à noite". Dizia que o mais barato e mais vendido helicóptero, o Robinson R44, custava 380.000 dólares, ou cerca de noventa vezes a renda anual de um paulistano. "Por que se contentar com um BMW blindado, quando você tem meios de comprar um helicóptero?", dizia um representante da Bell na América Latina. O Bell 407 custava um milhão e meio de dólares.

Mas nem todos admiram os helicópteros em São Paulo, continuava Romero, nessa reportagem exemplar pela sua secura. "Os críticos", dizia ele, "consideram-nos um barômetro obsceno do poder financeiro de que gozam os poucos ricos num mar de pobreza". E continuava: "É mais fácil um rico comprar um helicóptero do que um trabalhador comprar um carro", dadas as linhas de financiamento disponíveis.

"Uma das contradições do caráter brasileiro é a capacidade de conviverem o calor do afeto e um extremo individualismo", afirmou Renato Janine Ribeiro, professor titular de filosofia política na Universidade de São Paulo. "O desejo de ter um helicóptero resulta do fato de que os mais ricos não se sintam responsáveis pela pobreza à sua volta".

Se alguns dos entrevistados se sentiram orgulhosos pela alta posição de São Paulo no mundo dos helicópteros – atrás apenas de Manhattan e Tóquio – a matéria terminava de maneira devastadora para eles. Falava dos péssimos ônibus, dos perigos das vans, de um acidente que matara alguns passageiros delas na semana anterior, do barulho insuportável que ouve quem mora perto dos helipontos. Perto do fim de seu artigo de 1300 palavras, Simon Romero comparava o céu paulistano ao do filme *Blade Runner*, e dizia:

"Assim como, em *Blade Runner*, uma rica elite procura no setor privado as soluções para seus problemas, os poderosos de São Paulo estão se voltando cada vez mais para empresas privadas para serviços que normalmente incumbem à esfera pública, como a segurança, a educação e o transporte."

E citava um ex-alto funcionário do Chase Manhattan, que então montava um sistema de venda de cotas de helicópteros para mil pessoas e dizia – com uma ironia totalmente involuntária, mas que o leitor perceberia facilmente: "Espero, com isso, democratizar o uso do helicóptero".

O que Simon Romero deixou muito claro é que a elite brasileira considera tão natural a desigualdade social que nem se vê forçada a justificá-la.

* * *

Dia 9, segunda-feira, começava a última semana de votação. Recebi, como os outros candidatos, uma folha de perguntas dos secretários regionais, assinada tanto por uns que apoiavam Ennio Candotti quanto por outros que votavam em mim. Respondi. Lembrem que a propaganda de meu adversário fazia dele o candidato das regionais e, de mim, o da comunidade paulista, procurando assim criar um antagonismo geográfico que reputo equivocado e improdutivo.

O PAPEL DAS SECRETARIAS REGIONAIS

Seis secretários regionais perguntaram aos candidatos à Presidência como cada um vê as Secretarias Regionais. Já escrevi sobre a desigualdade regional e social no site de campanha, como vocês podem ler, nas datas de 12 e 15 de maio. Mas respondo com matéria nova.

As Secretarias Regionais têm um papel importante nas respectivas regiões. Podem e devem atuar como um braço da SBPC no estímulo e organização das políticas locais de CT&I. Para esse fim, devem contar com o decidido apoio da SBPC e de sua Presidência, Diretoria e Conselho.

É um fluxo de duas direções. Como as Regionais representam a Sociedade nos Estados, precisa haver uma troca constante de informações entre elas e a sede. Na verdade, o nosso desafio prático é somar o máximo de democracia com o máximo de eficiência. A Regional pode ser um fator democrático, porque está perto da base. E pode ser um fator de eficiência, porque capilariza a Sociedade e sua atuação.

Informação é democrática. Informação é poder. A tecnologia para a informação existe e é o eixo da Internet. Dá para ligar assim os fins (democracia) e os meios (a eficiência). Mas insisto: se não definirmos bem os fins, de nada adiantam os meios.

Precisamos começar definindo bem qual a vocação de cada Regional. Não devemos ter a ilusão de que elas sigam um único modelo. Isso depende, em cada caso, das necessidades da região e da disposição dos sócios nela residentes. Uma primeira iniciativa será, com os Secretários, desenhar um conjunto dinâmico de perfis, dentro do qual cada Regional possa atuar melhor.

Quais as questões principais que as Regionais podem e devem atender? São as seguintes:

1) a redução das desigualdades regionais em CT&I – mas sempre tendo em mente que a desigualdade regional está ligada a desigualdades sociais, e que não podemos combatê-la sem lutar pelo resgate da dívida social;
2) a organização política dos sócios da região, fortalecendo a causa da Ciência, especialmente em face das FAPs e das Universidades, em particular quando as grandes sociedades científicas nacionais se fizerem pouco presentes ali;
3) a abertura da SBPC para o ensino fundamental e médio.

Para tanto, as Regionais devem ter acesso à Diretoria e ao Conselho. Infelizmente, não é viável economicamente aumentar o número de reuniões presenciais. Não será fácil irmos além de uma reunião por ano entre Diretoria e Secretários Regionais, a qual costuma acontecer durante a Reunião Anual. Mas podemos pensar, como sugere o companheiro Jailson de Andrade, candidato a uma das duas vagas de Vice-Presidente, em convidar um ou mais secretários regionais para cada reunião de D&C, em sistema de rodízio.

Integraremos Diretoria, Conselho e Regionais em caráter permanente. Haverá que integrar os Conselheiros, em sua área, nas atividades das respectivas Secretarias Regionais. E, mais que isso, devemos fazer farto uso da Internet.

Isto até agora não foi fácil. Ainda não nos acostumamos a tomar decisões por meio dela. Nossa prática política ainda está mais baseada na fala e na presença, do que na escrita e no e-mail. Mas não precisamos esperar que chegue ao poder a geração do ICQ, que se socializa pelos "chats" e e-mails. Devemos nos inspirar desde já nos mais jovens e compreender que as iniciativas virtuais têm amplo futuro. E além disso elas são também uma forma de mobilizar quem está entrando no mundo da pesquisa.

A sede deve, na medida dos recursos disponíveis, estimular as atividades das Regionais. Devemos pensar em meios sólidos de viabilizar sua existência. Não podemos viver no stress. É preciso dar uma base austera mas estável para as atividades da SBPC e da ciência.

Em suma: como acreditamos na representação regional, o primeiro passo deverá ser uma ampla discussão dos modelos possíveis de Regional e do perfil de cada uma. A partir disso, trocaremos cada vez mais experiências entre nós. Precisamos nos colocar entre duas idéias. Uma é até banal, mas verdadeira: a união faz a força. A outra é melancólica, mas real: as pessoas se esgotam se agem em vão. É preciso que nossas ações tenham resultados. Os objetivos devem ser realistas e executados. E com isso criaremos uma dinâmica, um círculo virtuoso, como se diz, que amplie a nossa defesa da pesquisa científica como decisiva para o desenvolvimento econômico e social.

PS – Amanhã, terça-feira dia 10, ao meio-dia, haverá uma manifestação em frente à Reitoria da USP contra a reforma da Previdência proposta pelo Governo. Nos termos em que foi feita, me oponho a ela, o que disse ao próprio Presidente Lula, no dia 3. Tratei disso no site, em 27 de maio. Não poderei estar presente, mas transmiti meu apoio aos organizadores. Convido quem estiver em São Paulo a se programar para ir lá.

O PS acima não tinha a ver diretamente com o corpo do texto mas, eu não podendo participar pessoalmente da manifestação, queria endossar as preocupações dos professores da Universidade e da rede públicas – aliás, temas que vinha levantando desde a abertura do site, quase dois meses antes.

Daqui a algumas páginas, vou falar do que é participar. Penso que este é então o momento de incluir o texto que Regina Markus escreveu para a cédula eletrônica, e que mostra uma prática de forte participação. Aliás, um dia, por acaso, vendo os números meu e dela de associados, percebemos que nos filiamos em 1977, quando a ditadura proibiu a reunião anual em Fortaleza e um belo movimento a organizou – no espaço de poucas semanas – em São Paulo. Notem o cativante uso que ela faz da ciência que pratica, como metáfora para a vida social: *"Conversar é preciso"*, diz ela.

SBPC: UMA CADEIA DE EVENTOS, UM CAMINHO DE SUCESSOS

Regina Markus

Sou professora titular do Departamento de Fisiologia do Instituto de Biociências da USP. Minha principal área de atuação é a Cronofarmacologia, onde orientei vários doutorandos e mestrandos. Tenho contribuído para o entendimento da função do hormônio que sinaliza o escuro, a melatonina. O meu laboratório mostrou que receptores do sistema nervoso central de mamíferos ciclam ao longo do dia devido à secreção noturna de melatonina. E, este mesmo sinal, serve para temporizar respostas inflamatórias e sincronizar a invasão de parasitas da malária. Em breves palavras, estudo como diferentes células de um mesmo organismo, ou diferentes organismos, podem, através do hormônio controlado pelo ciclo claro-escuro ambiental, achar o momento certo para interagirem. *Conversar é preciso.*

Na área de ensino tenho atuado em diferentes cursos, tendo sido coordenadora de dois cursos de graduação que buscam a formação de cientistas, o Curso de Ciências Biomédicas, da UNIFESP, e o curso de Ciências Moleculares da USP.

Desde o início de minha carreira científica tenho atuado junto à SBPC. Na realidade, ela fazia parte da tradição e das lides dos departamentos onde fui formada e onde atuo. Ao ler a história da SBPC vejo citado o nome do Prof. Ribeiro do Valle entre os fundadores e foi através de seu envolvimento que aprendemos a importância da sociedade. Inicialmente participei como aluna de IC ou pós-graduação, apresentando trabalhos e aproveitando das discussões de áreas específicas, ligadas à Farmacologia e da interdisciplinaridade das Reuniões Anuais.

Posteriormente, me envolvi com a própria sociedade e este envolvimento aconteceu aos poucos.

Na Reunião Anual de 1977, cuja realização foi ameaçada pela ditadura militar e cujo cartaz até hoje está na frente de nossa home page, fiz parte de um grande grupo de jovens que trabalharam, independente da produção de melatonina, para viabilizar a reunião na PUC de São Paulo. Não foi um trabalho de vitrine nem de projeção, mas permitiu que tivéssemos todas as salas sinalizadas e equipadas para as apresentações, bem como viabilizou a recepção e o convívio de pessoas vindas de todo o país.

Nos anos que se seguiram participei de diferentes comissões e montagens de reuniões anuais. Quatro anos atrás, fui eleita para a diretoria. No momento, completo a minha segunda gestão como secretária da SBPC. A SBPC é sem dúvida um patrimônio nacional. Bem dizia José Reis, ser esta uma sociedade que permite o cruzamento entre Ciências e Humanidades...

A História da SBPC impõe os desafios futuros. Saber gerar e gerir bons projetos que possam integrar especialistas de diferentes áreas depende da criação de pontos de contatos e espaços de discussão. A SBPC é este espaço. A SBPC é um espaço que deve abrigar discussões e gerações de idéias. Também é importante função da SBPC viabilizar a divulgação científica e torná-la disponível para diferentes públicos. Nesta área temos vários tipos de publicações destinados ao público amante da ciência de diferentes idades e formações e aos próprios cientistas, que têm veículos importantes para expor suas idéias. No entanto, também cabe à SBPC manter levantada a bandeira da busca do novo, e da fermentação de idéias. É um ir e vir entre o sólido e o gasoso, entre o ingerir e o respirar, ambos tão necessários para um processo criativo. O futuro está sempre à porta. Neste momento não posso deixar de pensar como é bom poder seguir em frente tendo como base uma sólida história.

Tendo colocado de forma ampla os *desafios*, é importante expor a forma como atingi-los. Aprendi nestes anos, na direção da SBPC, que várias são as formas, mas quaisquer que sejam têm que respeitar alguns princípios: o princípio da pluralidade, o princípio da viabilidade e o princípio da responsabilidade com a coisa pública. Baseada nestes princípios, tenho a certeza que poderemos realizar um excelente trabalho em prol da SBPC.

11
As Mensagens no Ar

Uma campanha pela Internet não é fácil. Quando o *Jornal da Ciência* impresso publicou os programas dos três candidatos a Presidente, em maio, seu editor, José Monserrat Filho, não queria incluir a parte final do meu, em que eu mencionava o site e convidava os sócios a visitá-lo. Disse que poderia até publicar isso em outra parte do jornal, mas não no programa. Precisei ser firme, deixando claro que esse ponto fazia parte *essencial* do programa de uma nova forma de fazer política.

Tambem não consegui convencer a Presidente da SBPC que nos franqueasse os e-mails dos sócios. Finalmente, depois de muita insistência minha e de Regina Markus, ela concordou que a própria SBPC encaminhasse a eles, por e-mail, algumas mensagens dos candidatos à Presidência. A Comissão Eleitoral fixou em três o número desses e-mails. Achei positivo esse resultado final.

Na segunda-feira, 12 de maio, mandei assim minha primeira Mensagem aos Sócios. Naquele dia começava a votação:

Caros amigos, sócio ou sócia da SBPC,

Convido-o a visitar meu site de campanha para a Presidência da Sociedade Brasileira para o Progresso da Ciência. Ele se chama *Por uma SBPC com maior atuação social* e se acha na página eletrônica www.janine-na-sbpc.com.br. A comunidade científica tem, nessa eleição, várias escolhas, o que é sinal de nossa vitalidade tanto na condição de cientistas quanto como associados na SBPC. E por isso venho lhe dizer que será ótimo aproveitarmos essa oportunidade de fazer, desta eleição, um amplo debate de idéias.

Com o site de campanha, estou colocando em público uma série de propostas sobre o nosso papel na sociedade brasileira. Sucintamente, penso que devemos aumentar nossa interlocução com a Educação e a Cultura, incluindo os respectivos ministérios. Devemos estar presentes no debate sobre as Universidades, em especial as públicas, que tanto perderam nos últimos anos. Devemos nos manifestar sobre os riscos que a reforma da Previdência volta a fazer pesar sobre a área de C&T. Devemos, ainda, aumentar a presença da ciência na sociedade.

Devemos também prestar atenção num fenômeno importante, que é a crescente demanda social por conhecimento científico. Isso é muito positivo para nós, porque amplia nosso papel na sociedade. Mas também traz o risco de converter a ciência em mercadoria, e de agravar as desigualdades sociais, se o acesso ao bom conhecimento for pago. Tudo isso traz novas responsabilidades para a ciência e para a SBPC, e conto com seu apoio para enfrentá-las.

O que proponho é um trabalho de longo fôlego mas viável, porque por um lado significa mostrar à opinião pública e social o quanto contribuímos para o progresso da sociedade brasileira, e por outro implica trabalhar junto a nós mesmos para ampliar nossa presença junto aos meios que opinam e discutem o País. É para discutir tudo isso que o convido a entrar no site, a pensar e a discutir os temas e, finalmente, decidir o seu voto, que espero ser capaz de conseguir hoje e de fazer valer pelos próximos dois anos.

Abraços do Renato Janine Ribeiro
Professor Titular de Ética e Filosofia Política na USP

Como depois disso dei andamento à campanha, em especial pelo JCE e pelo site, não me apressei em mandar a segunda mensagem. Somente no dia 3 de junho, uma terça-feira, seguiu para as caixas de e-mails dos sócios, diretamente, minha

SEGUNDA MENSAGEM AOS SÓCIOS

Amigos,

Estamos entrando nos últimos dias de votação. Se você ainda não votou, peço que o faça. Vamos definir os rumos da SBPC para os próximos anos.

Optei por uma campanha atual. Curioso: fui o único candidato a Presidente a ter um site de campanha. Isto é significativo. Mostra que pretendo somar dois lados decisivos: uma claríssima convicção política (mas não partidária!) do que é o papel da Ciência, e o uso dos instrumentos mais recentes de atuação sobre o mundo. Aqui está o cerne do que podemos fazer, pela SBPC, pelo Brasil.

Discuti idéias. Coloquei o dedo na ferida da tentativa de filiar em massa professores de uma cidade, frisando: "sem acusações pessoais". Recebi, como retorno, uma inverdade: que eu pretenderia simplesmente bloquear o acesso desses professores. Isso é falso. Outros confundem massa com professores. Nós, não.

Não desisto de discutir e implementar idéias. Estão em jogo duas formas de fazer política no mundo acadêmico. Uma, transparente, abre um site, expõe idéias, discute-as. Faz críticas, mas sem personalizá-las. Rompe com uma certa prática de dizer generalidades pela frente e intrigas pelas costas. Não fiz listas de apoios. Orgulhei-me, sim, de ser apoiado por três Presidentes de Honra da SBPC. Mas não somei assinaturas. Listas de nomes não substituem discussão de propostas.

A outra forma de fazer política busca, antes de mais nada, reunir grupos, somá-los pelos seus interesses. É legítima, sim, mas é mutualista. Não aponta para o futuro. A opção é evidente, entre uma e outra.

Tudo está mudando no mundo. Isso quer dizer que a oposição, que meu principal adversário faz, entre uma SBPC centralizada (em São Paulo, acha ele) e a descentralização, não pode mais ser pensada nos moldes superados de dez ou quinze anos atrás. Por duas razões. A primeira é que a Internet permite constituir e ampliar redes de pesquisa, aproximando pessoas independentemente da distância geográfica. Não é mais fundamental a sala, a secretária, o espaço físico, para atuar. Precisamos aprender a criar redes, não no sentido técnico, mas no de gente que se une em pensamentos compartilhados, em parcerias inovadoras, reduzindo brutalmente as distâncias sociais e geográficas. Teremos secretarias regionais, mas dentro desse espírito mais novo e enriquecedor.

Segunda razão: a desigualdade regional tem que ser entendida, antes de mais nada, como social. Sabemos como as oligarquias regionais manipularam a pobreza para conseguir verbas que realimentaram a desigualdade social. Se não tivermos uma consciência política clara e atenta a isto, não avançaremos.

Somos das várias áreas do saber e acreditamos em nosso trabalho de equipe, pela Ciência.

Continuamos nossa conversa com você em nosso site, www.janine-na-sbpc.com.br.

Abraços do Renato Janine Ribeiro

A carta dos presidentes de honra da SBPC – que eu mencionava – fora enviada aos sócios por via postal, no começo da votação. Era a seguinte:

Prezado Sócio ou Sócia da SBPC,

Nós, ex-presidentes e presidentes de honra da Sociedade Brasileira para o Progresso da Ciência, consideramos que é nosso dever procurar os colegas para manifestar nossas idéias, diante da primeira eleição, em dez anos, na qual a Presidência de nossa Sociedade está sendo disputada por mais do que um candidato.

Dirigimos a SBPC, em distintas fases de nossa história política e institucional, sempre atentos aos princípios da excelência acadêmica, da eficiência na gestão e da transparência de critérios. Temos orgulho de uma Sociedade que é sólida e conquistou um nome importante, na interlocução com o poder público e em sua presença na comunidade acadêmica. Entendemos que ela deve expandir sua atuação nos próximos anos, ampliando sua representação no rumo das áreas de Educação e de Cultura, nas diferentes instâncias de Governo, e também no diálogo com as forças mais significativas da sociedade brasileira.

Por isso apoiamos para a Presidência da SBPC *Renato Janine Ribeiro*, Professor Titular de Ética e Filosofia Política na Universidade de São Paulo. Consideramos importante a Sociedade ter uma liderança jovem, ativa e dinâmica, como ele se tem mostrado, por sua presença tanto nos debates nacionais quanto nas discussões de idéias no interior da SBPC. Acreditamos que ele e o grupo que o apóia estão preparados para liderar a Sociedade diante das mudanças pelas quais o Brasil deve passar.

É por estas razões que pedimos seu voto e apoio para o prof. Renato Janine Ribeiro e o grupo que o deverá apoiar, para a Diretoria da SBPC, nas eleições que começam no próximo dia 12 de maio.

Agradecemos sua atenção e nos despedimos, com as melhores saudações acadêmicas,

Crodowaldo Pawan, Presidente de honra, Presidente 1981-1987
Sergio Henrique Ferreira, Presidente de honra, Presidente 1995-1999
Warwick Kerr, Presidente de honra, Presidente 1969-1973

Finalmente, na sexta-feira, 6 de junho , enviei a

TERCEIRA MENSAGEM AOS SÓCIOS

Amigos:
Começa a última semana da eleição para a SBPC. Está nas mãos de

você o destino da maior sociedade científica do Brasil, aquela que representa politicamente quem faz ciência e tecnologia no País.

Quero falar hoje numa palavra-chave, "responsabilidade". Você é responsável pelo futuro de nossa Sociedade, a SBPC. E nossa Sociedade tem sua parcela de responsabilidade no futuro da nossa sociedade, a brasileira. A agenda do País mudou, no último ano. As questões sociais vieram ao primeiro plano – como, aliás, tem de ser, num Brasil tão rico em capacidade humana e tão injusto no uso que faz dela.

Podemos contribuir muito para esta nova agenda. Nunca, desde que Francis Bacon proclamou que "conhecimento é poder", o saber teve tanta importância na economia e na política. Isso muda completamente nossa posição na sociedade.

Pense, caro amigo ou amiga, no papel do cientista nos últimos anos. Vivemos muitas situações de stress, a começar por falta de verba para realizar nossas pesquisas. Precisamos ficar, seguidas vezes, na defensiva. O Conselho do CNPq chegou, já faz bastante tempo, a precisar fazer uma espécie de greve contra um ministro que não estava à altura da Ciência e Tecnologia.

Ora, podemos continuar com dificuldades de financiamento. Uma estudante me escreveu, dizendo como é difícil conseguir dinheiro para ir a uma reunião anual fazer sua apresentação. E infelizmente os recursos continuam escassos.

Mas uma coisa mudou, está mudando, por completo. A Ciência não é mais uma planta tenra a defender com cuidado. Ela é uma potência. Somos uma potência. Dela depende, de nós depende, o deslanche econômico. Dela depende também – e aqui insisto no papel das ciências humanas e sociais – o resgate de nossa enorme dívida social.

O cientista é agora um grande ator político e social. É esta responsabilidade que o convido a assumir. Mudou o mundo, e nosso papel não é mais o de ficar na defensiva. É o de propor e agir. E foi por isso que insisti tanto em fazer uma campanha de idéias. E assim forcei nossos adversários a virem discuti-las. A não apenas listarem apoios, a não apenas elencarem medidas numeradas. A tentarem dizer o que acham do mundo e da sociedade. E de nosso papel nelas.

Penso que nós, que defendemos uma SBPC com maior atuação social, somos os mais capazes para dirigir nossa Sociedade nos próximos anos. Temos mais passado, como atesta nossa produção científica, e mais futuro, como mostram nossas idéias. Uma campanha já anuncia o que será uma gestão. Nosso grupo consegue ser ouvido pelo Poder em função da distinção científica, como aconteceu no último dia 3, quando fui convidado a falar com nosso sócio, o Presidente da República, Luís Inácio Lula da Silva, como está relatado com detalhe no site, www.janine-na-sbpc.com.br.

Na mídia, temos lugar já por nossas idéias e não só por nossas posições. Esta é uma diferença essencial nos tempos de hoje.

Concluindo: é preciso ter qualidade. Ela se expressa em dois pontos, o currículo científico de cada um e a densidade das propostas. Sugiro que meça o que cada candidato fez na Ciência e o que ele propõe fazer – seu passado e seu futuro. Pese bem tudo. E dê seu voto consciente a mim, para Presidente, a Carlos Vogt e Jailson de Andrade para Vice-Presidentes (dois cargos), a Regina Markus para Secretária Geral, a Ana Maria Fernandes e Vera Val para Secretárias (dois cargos), a Aldo Malavasi para Primeiro Tesoureiro e a Humberto Brandi para Segundo Tesoureiro. E participe conosco do futuro da SBPC e do Brasil.

Um abraço, Renato Janine Ribeiro

Coloco as três mensagens num único capítulo por uma simples razão. Elas resumem textos mais longos, que comparecem ao longo do livro. Têm uma natureza semelhante, porque são curtas e foram diretamente para os sócios, sem passar pela nossa mídia.

Os outros candidatos também fizeram uso desse direito. Ennio Candotti mandou três mensagens, a primeira no mesmo dia 12 de maio, resumindo seu plano de ação, a segunda em 30 de maio e a terceira em 4 de junho, essas duas não passando de um manifesto de seus partidários, sendo que a maior parte do texto era ocupada por assinaturas e não por idéias. Rogério Cerqueira Leite enviou sua primeira mensagem em 20 de maio, dedicando 40 palavras a desqualificar o debate de idéias e seiscentas a resumir o seu curriculum. Sua última mensagem, remetida em 30 de maio, toda ela tecia apenas críticas à minha candidatura, embora respeitosas ("temo que sua proposta signifique uma opção por uma relação com a sociedade civil em detrimento de um vínculo com o Estado") e mesmo simpáticas ("o Prof. Janine Ribeiro é um intelectual reconhecido, um homem público"). Acredito que foi possível manter uma campanha na qual, embora as idéias fossem menos debatidas do que eu queria, e ocasionalmente se aquecessem os ânimos, o respeito se manteve.

12
Pensando a Nova Política 1

"E aí percebemos que tudo poderia ser diferente".

FRAYA FREHSE

No dia 10, terça-feira, quarenta e oito horas antes de terminar a eleição, comecei a concluir a campanha, iniciando uma série de três textos finais:

A PRAÇA OU O CORREDOR, EIS A QUESTÃO

Os corredores se difundiram no século XVII. Antes, numa casa, para se chegar a um cômodo geralmente era preciso passar por dentro dos outros. Não havia intimidade. Quando se dissemina o corredor, torna-se possível especializar os cômodos. Não se entra mais no quarto do outro sem alguma autorização. Assim nascem os corredores.

Já a praça... Falo de um tipo de praça, a ágora, que se pode traduzir, do grego, para significar a praça de decisões, o lugar onde as pessoas se reúnem para escolher os caminhos coletivos. Vernant, no seu livro *Nascimento do pensamento grego*, conta como as decisões deixaram de ser tomadas dentro dos palácios, às escondidas, pelos reis – como sucedia nos tempos de Homero – e passaram a ser adotadas em público, na praça, "to mésson", diz ele, isto é, no meio de todos. É o começo da política. É o começo da democracia.

Por que falar nisso? Porque deveríamos, na política universitária, diminuir o peso dos corredores e aumentar o da praça. Não simpatizo com a conversa ou a opinião dos corredores. Ela tende a ser furtiva. Ela não dá razões públicas. Ela tem mais a ver com a intriga e mesmo a difamação do que com a construção de uma opinião pública.

O que nós procuramos, durante toda a campanha pela Diretoria da SBPC, foi dizer coisas que se publiquem. Quando levantamos, eu e outros candidatos que me apóiam, questões difíceis, sempre o fizemos com um arrazoado. A questão mais delicada que suscitei, a da filiação em massa de sócios de um mesmo perfil, eu a tratei dizendo que não fazia acusações pessoais. Mas ela era importante, e não podia passar sem esclarecimento, porque distinguia duas maneiras de conceber o quadro societário – e portanto a questão do poder e da transparência – dentro da SBPC.

Recentemente, soube pela editora do Boletim dos alunos da Faculdade de Filosofia da USP que um aluno da pós-graduação de minha Faculdade criticava minha candidatura. Ela lhe franqueou as páginas do Boletim, para que se expressasse, como se deve fazer. Mas ele não quis fazê-lo.

Eis um exemplo do que está errado na vida acadêmica. As pessoas falam mal, mas não têm a coragem de vir a público sustentar o que dizem. Covardia? Não é só isso. Não é uma questão apenas pessoal. É que, quando você fala ao público, você precisa aprimorar seu discurso.

No Brasil, infelizmente, é comum criticar um projeto não em seus termos, mas nos da maledicência. Corrupção é uma acusação comum. Conforme a família política, o outro lado pode ser acusado de neoliberal ou de comunista. Mas com isso se perde o plano próprio das idéias. Quem faz isso se rebaixa.

Não visto nenhuma carapuça. Nunca fui acusado de corrupção. Mas o problema é o princípio. A falta de hábito de discutir em termos públicos vicia. Daí que as críticas se façam tortas. É com isso que temos de acabar.

O que pretendemos não é apenas ganhar as eleições na SBPC. Disse, desde o começo, que somos ambiciosos. O que queremos é contribuir de maneira decisiva para se construir um espaço público de debate em nosso País.

Pessoalmente, prefiro eleições como a nossa às que são propriamente políticas. Nas nossas, não devemos excluir quem perder. Decide-se uma liderança, não uma exclusão. Mas o lado ruim disso é quando não se abre a boca. É quando todos dizem generalidades – e remetem a decisão sobre em quem votar para a "rádio corredor".

É quando entra a maledicência, a acusação sem contradita. E, por incrível que pareça, é também quando entra a lista de apoios, se ela vier substituir a discussão. Vocês podem entender, então, por que eu – que me orgulho muito do apoio que recebi de Marco Antonio Raupp, que retirou a candidatura a Presidente para me dar seu voto, e de três Presidentes de Honra da SBPC, Warwick Kerr, Crodowaldo Pavan e Sergio Ferreira – não quis substituir o debate de idéias pela listagem de assinaturas.

E é por isso que tenho dito: nossa campanha já é um modo de gestão. Usaremos intensivamente a Internet. Procuraremos que as divergências, de qualquer ordem que sejam, possam ser ditas de público. Isso ao mesmo tempo legitima a discordância e a torna administrável. Em vez de o conflito gangrenar as relações, ele pode oxigená-las.

Fiquei feliz com uma carta que a antropóloga Fraya Frehse mandou ao JCE, que não a publicou, apenas a repassando para mim. Depois de dizer que via, nos meus artigos, a proposta de "formas alternativas de estruturação do cotidiano acadêmico brasileiro", ela destacava o texto sobre a praça e o corredor: "a partir dos espaços físicos, o Professor chega às relações sociais e à sociabilidade acadêmica que podem sugerir". Menciono essa carta, porque na frase a seguir ela tem uma fórmula muito feliz:

"E aí percebemos que tudo poderia ser diferente", conclui Fraya Frehse.

Essa expectativa, melhor dizendo, esta esperança de que tudo possa ser diferente resumiu toda a campanha. *Fazer uma diferença*, eis o que propus no primeiro dia do site. Conseguimos isso.

Era impossível saber as chances. Não há uma amostragem de nossos sócios. Não há como fazer uma pesquisa de opinião. A votação dura um mês, sem apurações parciais (que seriam, aliás, um erro). Meu adversário havia blindado o Rio de Janeiro e se valia de rivalidades regionais contra minha candidatura. Mas nossa aposta não foi pelo poder. O que queríamos, e queremos, não era ganhar posições – mas propor novas tarefas para a ciência brasileira e um modo novo de pensar e fazer a política.

Por esta época, recebi um e-mail de uma estudante de Ciência Política da Universidade de Brasília, que comentava vários problemas que encontrou para participar de uma reunião anual da SBPC, a mais de mil quilômetros de sua cidade – basicamente, dificuldades financeiras que não são apenas suas, mas estruturais. Respondi a ela, dizendo que consideraria várias de suas sugestões. Ela mandou-me nova resposta, que concluía dizendo:

"Quanto ao prestígio dos acadêmicos na sessão de pôsteres e na SBPC Jovem, pode ter certeza de que eu cobrarei presença dos senhores."

Respondi a ela:

Só quero, por absoluta sinceridade, antes de terminarem as eleições, comentar sua última frase, segundo a qual cobrará a presença "dos senhores" (não entendi de quem, porque se dirigia somente a mim) nas sessões de pôsteres etc. Provavelmente irei, sim, porque me interessa.

Mas, Caroline, para você quem interessa que vá às sessões não é o presidente da SBPC. É ou são seus possíveis interlocutores: pessoas que leiam seu assunto e se interessem por ele. No caso, eu até poderia [ser seu interlocutor], mas não se fosse um pôster de Biologia. E pergunto: para que um presidente da SBPC iria, só enquanto presidente, a uma sessão de pôster? Para prestigiar? *Precisa?*

Este é um dos pontos que quero mudar. Já vi ministros abrindo um sem-número de reuniões em que eles eram inteiramente desnecessários e deviam estar se aborrecendo. Uma gestão leve e direta, sem carregar pesos mortos, deve romper com esse modelo. Deve perguntar-se, isto sim, se você, pesquisadora, tem o público que merece. Mas não deve fazer, dos dirigentes, vasos de enfeite. Isso é velho e precisa ser superado. O simbolismo da presença da "autoridade" tem que diminuir. O que queremos não é cargo. É diálogo.

Acredito que você concorde com isso. Mas me sentiria mal só lhe dizendo isso depois das eleições. Assim, você fica mais livre para votar com plena consciência. Quero mudar muita coisa na visão social da ciência no Brasil. E o ponto principal é perguntar, sempre, o que é essencial.

Insisto assim na necessidade de que mais pessoas participem, mas em atividades que resultem em alguma coisa. Um dirigente ir a uma sessão só por ir, não. Um sócio ser convidado a participar só por participar, não. *A democracia tem que estar associada à eficácia. Se não estiver, o investimento das pessoas na participação decairá.* Por isso, no dia 11, quarta-feira:

PARTICIPAR

Estamos chegando ao final da campanha. Peço aos companheiros que ainda não votaram que o façam. Mas quero ainda levantar mais propostas para a Sociedade. Falarei do que se chama *participação*. Muitos de nós, os mais velhos, crescemos num ambiente em que a palavra de ordem era participar. Regina Markus, candidata a Secretária Geral, fez sua estréia na SBPC participando ativamente da montagem da reunião anual "proibida" pela ditadura, a de 1977, que devia ocorrer em Fortaleza mas se realizou na PUC de São Paulo. (Foi quando eu e muitos amigos nos filiamos como sócios).

Participação significa bem mais que representação. Quando elegemos alguém, geralmente abrimos mão de nossa ação porque ele nos representa. Mas a experiência do século 20 mostra que isso não funciona! O representante, sem controle pelos representados, faz o que quer. Não é essa a principal queixa em face dos deputados? Nestes dias, diante da proposta de Reforma da Previdência, muitos não se sentem enganados por aqueles em quem votaram?

Disso surgiu a idéia de democracia participativa. Alguns foram mais longe, e propuseram a democracia direta. Há diferenças. Na democracia direta, o povo mesmo toma decisões. O plebiscito é um exemplo. É pena que ele só tenha sido usado até hoje, desde que a Constituição de 1988 o reconheceu, num caso meio sério (parlamentarismo vs. presidencialismo), meio cômico (monarquia vs. república). É claro que, se ele fosse usado nas privatizações, na reforma da previdência e em outros assuntos, as decisões tomadas seriam mais legítimas – e certamente mais democráticas.

Tanto a democracia direta quanto a participativa querem evitar a falha maior da democracia representativa, que é o descontrole dos representantes. Esse acaba resultando, no Brasil, num incentivo ao patrimonialismo, isto é, na consideração do patrimônio público como privado (e daí os deputados votando seus salários, os ministros do Supremo decidindo isentar parte de seus rendimentos do Imposto de Renda, etc.).

Mas infelizmente as alternativas democráticas à democracia representativa não deram muito certo. Elas agregam pouca gente. Vivemos uma exaustão da política. Temos tantos afazeres na vida privada e profissional que como poderemos lhes somar mais um?

Esta é a nossa quadratura do círculo. Por um lado, é preciso sair da mera representação, exigindo transparência e controle, para que o eleito respeite seus eleitores. Por outro, poucos se dispõem a um envolvimento na coisa pública que, a longo prazo, é desgastante. Precisamos resolver esse problema, que é muito mais amplo que a SBPC, porque é constitutivo de nosso tempo político e social.

Formulamos, aqui, duas propostas.

A primeira é que não renunciemos à participação, mas sejamos muito precisos no que queremos dela. Não adianta participar só por participar. Uma ação política que não renda frutos fenece. Por isso, a participação deve estar ligada àqueles casos em que realmente ela seja necessária. Devemos envolver mais gente, mas não para questões apenas técnicas ou só para fazer número. Este é, portanto, um problema ao mesmo tempo de política (a democracia está na participação) e de gestão (a participação só vai continuar se houver resultados). Precisamos dosar política e gestão.

A segunda é que recuperemos nossos quadros de filiados. Temos quatro a cinco mil sócios quites, com direito a voto – e um estoque de dez a quinze mil que pagaram em algum momento (por exemplo, em 1977) e depois se afastaram. Como temos, creio eu, setenta mil doutores no Brasil, dispomos de espaço para crescer – mas provavelmente o melhor será fazê-lo em conjunto com as sociedades científicas, incentivando a filiação simultânea a elas e à SBPC. Para reconquistar estes sócios, teremos que mostrar serviço. Mas nessa tarefa talvez o relevante seja "mostrar", porque o "serviço" já existe: a SBPC é quem melhor defende a ciência brasileira.

Estamos chegando ao fim. Amanhã acaba a campanha e a eleição. Mas não termina um novo modo de pensar a política. Dele, falaremos em nosso último texto. E informamos que este site que você está visitando já teve mais de mil visitantes diferentes, chegando a quarenta por dia na última semana.

(É claro que a última frase acima foi para a edição no site, sendo levemente modificada na versão para o JCE).

***

Por alguma razão curiosa, mas bem-vinda, as eleições terminavam no dia dos Namorados, quinta-feira 12 de junho. Não sabia se falaria ou não disso, no último artigo. Seria leviano, para quem queria liderar a comunidade científica brasileira por meio de seu braço político? Mas por que não falar disso? Minha questão, durante toda a campanha e além disso no curso de pós-graduação que estava então ministrando (A cultura pela cultura, site www.aculturapelacultura.hpg.com.br ou ainda http://www.fflch.usp.br/df/geral3/index.html), era a do elo social. Como fazer que, num tempo em que todas as relações parecem tão fragilizadas, tão efêmeras, elas dêem o máximo de si? E como fazer isso sem tentar restaurar o que já se passou?

O amor tem muito a ver com o elo. Sim, ele tem uma dimensão sexual que outras relações não têm. Sim, ele envolve somente duas pessoas. Sim, ele não constrói uma sociedade – e às vezes se fecha na intimidade. Sim, seu espaço não é o público. Mas, com todos esses "senões", se é que o são, ele tem um forte elemento em comum com a nova política – este tema que dá título tanto ao livro que ora publico, quanto deu ao último artigo de campanha. Seu elemento forte é que apela não aos interesses, mas a um ideal ou a um desejo. Pode até ser que a política em geral continue funcionando por bastante tempo, ainda, com base em fatores que não sejam os do ideal ou do desejo. Mas a política que *faz a diferença*, essa margem digna de nota em que podemos e devemos apostar, essa que criará algo novo e *por isso mesmo afetará todo o restante*, essa vai ter *muito a aprender com os ideais, as idéias, o desejo, o amor.*

A NOVA POLÍTICA

Em poucas horas terminam as eleições para a SBPC. Se não votou, por favor, vote. De minha parte, quero fazer um balanço do que entendemos por uma campanha inovadora. Tem a ver com o que chamo "a nova política".

A política moderna se construiu em torno de uma série de idéias e instituições. Uma delas é a do partido, mas pode ser o sindicato ou mesmo a empresa. O que une seus membros é que compartilham interesses. Na sociedade capitalista, o interesse é quase sempre econômico. Para que as pessoas sejam racionais e não enlouqueçam o tecido social, é preciso que se orientem para ganhar mais e perder menos. Essa imagem vale para o dinheiro, a segurança, a vida, até o amor. Na frase famosa: "É louco, mas não rasga dinheiro". Quer dizer, há um limite para a loucura. O dinheiro é o que garante um mínimo de racionalidade das pessoas, no mundo capitalista.

Um dos produtos dessa política é uma ligação social duradoura entre seus membros. Entre os companheiros de partido, de sindicato ou de interesses econômicos (os membros da classe dominante, por exemplo), o elo social é forte.

Ora, vemos hoje que as ligações entre as pessoas se tornam mais soltas. Quem gosta disso diz que estamos mais livres. Quem não gosta, que perdemos o senso do compromisso. Há as duas coisas. Os jovens nos dão o melhor exemplo disso. Mas não só eles.

Há um tipo de experiência cada vez mais comum, a do elo intenso enquanto dure (é inevitável citar Vinicius de Moraes, no Dia dos Namorados). Dei um curso na pós-graduação, este semestre, que criou vínculos intensos entre os alunos. Talvez, porém, não duradouros. Montamos um site na Internet, com trabalhos nossos e que deverá receber os trabalhos de conclusão deles. Ontem comemoramos a conclusão do curso. Lamentamos que tenha acabado. Mas não podemos ter a ilusão de que essa associação, que durou três ou quatro meses, possa ser perpetuada ou mesmo revivida. Alguns vínculos permanecerão, e é ótimo. Mas tentar refazer isso é como querer que a turma do colégio se reencontre todos os meses. Uma vez por ano basta.

O que tem isso a ver com a SBPC? Tudo. Nosso problema é como recriar um elo social, societário, que se enfraqueceu. Não adiantará prometer a volta ao passado. Os elos montados nos interesses tiveram seu papel e ainda guardam validade, talvez bastante validade – e não devemos dissolvê-los onde funcionam – mas cada vez dão menos conta de novas formas de associação. Os novos elos são mais *ad hoc*. Isso quer dizer que devemos manter o permanente (Diretoria, Conselho, Regionais) mas nos abrir, muito, para o temporário – comissões, atividades, programas e, mais que tudo, o entusiasmo dos jovens.

Não faço aqui a apologia de um admirável mundo novo. O mundo que se inicia tem muitos problemas. Mas, se ficarmos na reticência diante da Internet ou diante das formas de relacionamento dos mais jovens, não saberemos como interferir naquilo que nos parece equivocado. Para melhorar o mundo novo, devemos conhecê-lo e – dado que, gostando ou não, pagamos um alto preço por ele – aproveitá-lo.

Temos aqui a chave da participação, que ontem defendi. Devemos criar meios de participação com começo, meio e fim. Devemos ter comissões, mas pequenas e com projetos precisos. Devemos nos preparar para as socialidades breves, isto é, devemos intensificar a riqueza da relação entre os que trabalham juntos, mas sem nos preocupar em prolongar artificialmente sua duração.

Alguns anos atrás, colegas meus queriam montar um centro de pesquisas jurídicas. Disse-lhes que era errado principiar pelos imóveis e pelos móveis. Começassem pelas pesquisas. Pagassem computadores e salários, reunissem-se em bares.

O que queremos é uma prática mais próxima do real. As relações sociais fundadas no interesse, com sindicatos e entidades pesadas, continuam e continuarão existindo. São necessárias. Lutarão – espero eu – contra a reforma da Previdência do modo como foi proposta pelo Governo. Mas não dão conta de todas as formas de ação política e social. Esgotaram-se em vários campos. É aí que precisamos inventar.

Dois meses de campanha comprovaram que um site, só com idéias, tem impacto. Mais de mil pessoas diferentes o visitaram. Quase seis mil documentos foram impressos. Recebi muitos e-mails. Penso que estamos saindo do esquema do interesse, com sua pesada solidez, e entrando num esquema mais leve, de vínculos mais variados, mas que podem – se tivermos entusiasmo e capacidade de gestão – criar novas ações. É uma experiência. Mas que se baseia no fato de que o modelo anterior chega ao fim. Nem todos o perceberam. Mas não dá mais para fazer política, nem política científica, com base no esquema do lobby e dos interesses. Vale a pena criarmos uma coisa nova, que anime mais, que faça, mais, agir.

Agradeço finalmente o seu interesse, o seu apoio, o seu voto. Até Recife!

13
A Apuração não é o Final

"A Comissão Eleitoral, reunida no dia 13 de junho de 2003, na sede da Sociedade Brasileira para o Progresso da Ciência, com a presença dos membros Professores Walter Colli (Presidente), André Perondini, Maria Christina Werneck de Avellar, Myriam Krasilchik, Noemy Tomita e Silvio Salinas, procedeu à contagem dos votos recebidos pelos candidatos aos cargos da Diretoria e do Conselho da SBPC, tendo sido obtidos os seguintes resultados, referentes aos 2126 votos recebidos.

DIRETORIA 2003-2005

Presidente
Ennio Candotti – 914
Renato Janine Ribeiro – 877
Rogério Cezar Cerqueira Leite – 256
Brancos – 54
Nulos – 25

Vice-Presidentes – 2 vagas
Carlos Vogt – 984
Dora Fix Ventura – 966

José Vicente Tavares dos Santos – 614
Jaílson Bittencourt de Andrade – 503
Brancos – 1114
Nulos – 37

Secretário-Geral
Regina Pekelmann Markus – 1037
Osvaldo Augusto B. Sant'Anna – 750
Brancos – 281
Nulos – 58

Secretários – 3 vagas
Ana Maria Fernandes – 950
Maria Célia Pires Costa – 874
Tarcísio Haroldo Pequeno – 736
Vera Maria Fonseca de Almeida e Val – 714
Thyrso Villela – 658
Maria Mercedes Valadares Guerra Amaral – 542
Brancos – 1780
Nulos – 58

1º. Tesoureiro
Aldo Malavasi – 1029
José Eduardo Cassiolato – 808
Brancos – 233
Nulos – 56

2º. Tesoureiro
Kéti Tenenblat – 983
Humberto Brandi – 796
Brancos – 283
Nulos – 64"

Cerca de 90 por cento dos votos foram eletrônicos, com apenas uns duzentos em papel. Ao ser aberta a urna eletrônica, me disseram que houve empate entre mim e Ennio. A diferença se abriu, em favor dele, nas cédulas em papel. Isso é significativo.

* * *

Escrevi um último artigo para o site e para o JCE:

PARABÉNS AOS ELEITORES E AOS ELEITOS

Uma eleição disputada tem ganhos e perdas. Os ganhos são em democracia, em transparência, em qualidade de discussão. As perdas são em mágoas. A tarefa de todos nós, do começo da campanha até o fim das apurações, é fazer que os ganhos prevaleçam sobre as perdas. Conduzir a discussão no plano das idéias, como fizemos, aumenta os ganhos e reduz as perdas, expande o espaço público e diminui os ressentimentos de ordem pessoal.

Por isso, tenho a maior satisfação em cumprimentar os mais de dois mil sócios que votaram, o maior número em termos absolutos e um dos maiores em termos relativos na história da SBPC. Também cumprimento os vitoriosos, a principiar por meu oponente, Ennio Candotti, eleito Presidente de nossa Sociedade.

Agradeço em especial aos que votaram em meu nome para Presidente, bem como aos que participaram do debate de idéias que nosso site de campanha suscitou, iniciando um novo modo de fazer política que, estou seguro, haverá de influenciar as futuras campanhas no mundo científico e universitário. Embora, por pequeno número de votos, o programa *Por uma SBPC com maior atuação social* não tenha conquistado a Presidência, elegemos os outros cargos principais da Sociedade.

Assim elegemos a Secretária Geral, Regina Markus, o Primeiro Tesoureiro, Aldo Malavasi, bem como o mais votado dos Vice-Presidentes, Carlos Vogt – que portanto, pela praxe e também pelo Regimento, deverá ser o Primeiro Vice-Presidente da SBPC – e a mais votada das Secretárias, Ana Maria Fernandes. Estou seguro de que nossos ideais, por uma SBPC mais audaz e mais presente na sociedade brasileira, estarão presentes na atuação de nossos companheiros.

Mas penso que o principal resultado de nossa campanha foi mostrar que somos capazes de reunir vários bens num só. Podemos fazer uma campanha em que tudo seja dito de público, sem nada deixar para o rumor dos corredores; podemos ser respeitosos com os adversários, tratando-os como companheiros de quem discordamos, e nunca como inimigos com quem estaríamos em guerra, e igualmente respeitosos com os sócios, dizendo-lhes tudo o que queremos e o que não queremos; podemos reunir os instrumentos mais avançados de discussão, como a Internet, e uma consciência nítida do que são os desafios políticos que hoje se colocam para a ciência, no Brasil.

Terminamos assim a campanha: não atingimos a Presidência, mas acreditamos ter conseguido mudar o modo como se disputam cargos nos meios onde prevalece a inteligência. Esta mudança nos orgulha. Desejamos, por isso, sucesso à nova Diretoria e ao Conselho, e muita sorte à Sociedade Brasileira para o Progresso da Ciência.

14
Pensando a Nova Política 2

pensar na frente de outrem.

CLARICE LISPECTOR

De 1972 a 1975, assisti aos seminários de Gilles Deleuze, na Universidade de Vincennes, perto de Paris, onde o governo francês criara um território para os estudantes mais radicais do pós-1968. Era um espaço livre, mas ao mesmo tempo degradado – no restaurante universitário, por exemplo, como furtassem os talheres, a administração parou de fornecê-los, e só comia quem os trouxesse de casa. O pó às vezes se acumulava nos corredores. Mas as aulas, melhor dizendo, os "seminários" (*il n'y a pas de cours!* não há aulas, dizia Deleuze, quando lhe perguntavam se podiam assistir a elas) faziam pensar.

Um dia, Deleuze elogiou as obras de Carlos Castañeda, antropólogo mexicano que estava em voga pela série de livros sobre um feiticeiro indígena com quem aprendera muito – e, em especial, a *ver* de uma maneira nova, diferente. (Mais tarde, Castañeda foi acusado de falsificar seus relatos mas, para o que nos interessa, tanto poderia ter escrito um documentário quanto uma obra de ficção; Deleuze também estudou Kafka, e ninguém vai perguntar se "o processo" ocorreu mesmo, e quando). Falou da importância de se aprender com a experiência. Um senhor na sala, o único de terno e gravata, lhe perguntou se por "experiência" entendia o que Husserl chamou de *Erlebnis*, que numa tradução literal seria "vivência". Deleuze respondeu que não sabia alemão, que não conhecia Husserl – o que era tudo falso, porque ele era um fino entendedor da história da filosofia; só que, sendo mais um filósofo do que um historiador do pensamento, ele permitia-se esse duplo jogo. Por um lado, um certo charme: fingia uma ignorância que não tinha. Por outro, uma lição bem clara: não estava interessado no pedigree de suas idéias ou no pedantismo de seu ouvinte, mas em pensar a experiência. E concluiu, ante a insistência do senhor esnobe: "Pode definir *experiência* por *vá ver o que está acontecendo*, como Carlos Castañeda foi fazer com seu mestre índio".

Há, nesse diálogo entre o filósofo e o aluno engravatado, um lado algo coquete. Deleuze não endossaria um vale-tudo com o pensamento. É difícil alguém que passou pela filosofia avalizar uma irresponsabilidade em que qualquer opinião valha. Mas ele também rejeitava uma tentativa de o enquadrarem, ele ainda vivo, como um pensador já canônico, cujas raízes alguém estudaria. Mais que isso, o que lhe importava – e por isso estava em Vincennes, apesar da agressividade de parte dos estudantes da escola, que de vez em quando invadiam as salas de aula, diziam absurdos e, no caso dele, assim o faziam desaparecer por duas ou três semanas – era que suas idéias vivessem.

E por isso, ao *pedigree* nobre que lhe oferecia o porta-voz do espírito de seriedade, fazendo remontar sua "experiência" à fenomenologia, ele preferia contrapor uma origem de registro quase vulgar. É claro, Deleuze não sabia que talvez Castañeda tivesse mentido. Mas ele recorria à antropologia e não aos clássicos, a um autor do Terceiro Mundo e não da Europa, ao saber de um adivinho e não ao de um acadêmico, ao mundo popular e não ao culto, à empiria e não à dedução.

Este é um dos modos, certamente não o único, de *nos fazer pensar*. Melhor ainda, se combinarmos as duas origens, a culta que Deleuze marotamente ocultava e a vivencial, que ele enfatizava. É o que procuramos, aqui. Relatamos toda uma experiência com a política procurando, ao mesmo tempo, pensá-la. Este projeto não veio do nada. Cada texto, cada passo que demos esteve marcado por anos de reflexão sobre a política. (Algo disto se pode encontrar em meu *A Universidade e a vida atual – Fellini não via filmes*, ao qual remeto, mas lembrando que são dois livros inteiramente diferentes, até porque o eixo aqui é a questão da nova política).

* * *

A idéia de uma *nova política* vem também de uma questão que me chamou a atenção há cerca de dez ou doze anos. No começo dos anos 90, com a esquerda sendo atacada devido ao recuo mundial do comunismo, constatei que a direita (ou o capital) detinha os melhores meios de gestão. A eficiência abandonara a esquerda e se dirigira para o lado do capital. Isso inverteu um movimento histórico. Lembremos que, vinte ou trinta anos atrás, ainda uma maneira de se referir aos países comunistas era por terem a "economia planificada", ao contrário dos capitalistas. E no entanto quase todos os países do mundo, na segunda metade do século 20, instituíram algum ministério do Planejamento. Assim o planejamento, iniciado na jovem União Soviética da década de 1920, foi um procedimento que se irradiou mundo afora. Veja-se então o que significou essa perda de iniciativa, à qual aludi, da esquerda para o capital.

Rapidamente, novos métodos de fazer funcionarem as coisas acabaram, na prática, com quase tudo o que representaria o anterior controle estatal. Reduziu-se, a uma escala microscópica, tudo aquilo que porta valor, tornando-se assim quase inútil revistá-lo na alfândega; idéias e imagens podem ser armazenadas em discos mínimos e transmitidas por uma linha telefônica qualquer, de modo que a censura se tornou ridícula e ineficaz; as comunicações se difundiram a tal ponto que controlá-las é vão; mesmo quem as intercepte e grave mal tem como processá-las, tal o seu volume.

Assim, no plano dos *meios*, a esquerda se viu desafiada a repensar tudo. Uns o fizeram, outros, não. Mas, no plano dos *fins*, quem entrou em crise foi a direita. Os valores dela eram, tradicionalmente, os da família e da religião. Hoje dificilmente, pelo menos no mundo ocidental, tais valores serão defendidos com o vigor que antes os caracterizava. Uma esquerda sem meios de ação, uma direita com fins enfraquecidos, eis o quadro que se montava desde muito tempo mas que os anos 90 revelaram, e que continua presente.

O desafio é, então, o seguinte: como, com os novos meios, que repelem os controles convencionais, atender a fins importantes – que guardam, do cerne do pensamento de esquerda, a preocupação com a solidariedade. Disse, num dos textos de campanha, que as invenções tecnológicas costumam ser disputadas politicamente. O ultra-som pode servir para diagnosticar, curar – e para exterminar fetos do sexo feminino. Mas isso não quer dizer que a invenção seja neutra em termos sociais ou políticos. Acredito que todos os produtos da inteligência *tendem* a ajudar um mundo melhor. Não são neutros, pois, quanto aos valores. Mas essa é uma tendência, não algo automático. Entre a Internet como reino inconteste dos negócios e como arma democrática, uma luta se trava. Penso que a tendência maior dela é rumo à democracia. Mas precisamos dar nossa contribuição, para que isso se realize.

Aqui entra o uso rico dos meios, a campanha com um site, o uso da Web como espaço para difundir idéias e, mais que isso, discuti-las. Mas aqui entra também a questão final: afirmei, no prefácio deste livro, que a nova política dará menor peso aos interesses, e mais a ideais e a desejos. Da redução do peso dos *lobbies* e dos interesses, porque diminui a certeza na identidade de cada sujeito, falei então. Aqui, cabe distinguir ideais e desejos.

* * *

Desejo é uma palavra que pode ser muito vaga. De propósito, deixo-a assim. Nos meus trabalhos já citados sobre república e democracia, opus desejo e vontade. Por vontade, entendemos de modo geral *a força de* vontade, isto é, a capacidade que acaso tenhamos de conter nossos desejos, nossos apetites, a fim de assim chegarmos a um resultado que caiba num registro nobre e superior. Um exemplo recorrente, na tradição clássica, é o da pessoa que deseja comida, bebida ou mulheres, mas consegue limitar-se, exercendo sua própria vontade.

A vontade será assim, argumentei, a base para a república. O regime republicano, já pela etimologia de *res publica* (coisa pública, bem comum, *common weal* ou *common wealth*), funda-se numa autolimitação. Restringimos nossos desejos mais intensos. Assim se construiu a República Romana e seu ideário. Assim parece proceder todo partido que assuma o discurso do governo, do poder, o PSDB até o ano passado, agora o PT – que antes proferia um discurso mais democrático. (Aludo a um artigo de Celso Lafer, no *O Estado de S. Paulo* de 15 de junho, no qual o ex-ministro, citando minha distinção entre república e democracia, argumenta justamente isso: que os traços que eu atribuía aos tucanos foram incorporados, no exercício do poder, pelo Partido dos Trabalhadores).

Porque a democracia, assim sustentei, tem sua expressão no desejo. Se a pensarmos como não só um regime político, mas como um anseio popular por ter e ser mais, como uma demanda que vem de baixo, se lembrarmos que parte razoável dos teóricos gregos da política considerava que *demos* não era só "o povo" mas também servia para designar "os pobres" e conseguia um sinônimo funcional na expressão "hoi polloi", isto é, os muitos, o vulgo – então, a democracia nasce dessa palavra obscura, que é brandida geralmente como acusação e vitupério e, por isso mesmo, é pouco e mal definida, "desejo".

Esse obscuro objeto, o desejo, será reprimido ao longo de quase toda a história política. Servirá, sempre que o desejante for pobre, como justificativa para que seja punido e confinado. Mas isso muda, em nosso tempo. Hoje, a própria dominação se assenta no apelo ao desejo. Não há sociedade de consumo sem ele. Sem ele, não há sequer consumo. Isso cria um problema sério sempre que há uma intensa desigualdade social, como é nosso caso. Por um lado, a sociedade funciona apelando ao consumo desabrido. Por outro, ao fazer isso ela suscita expectativas dos mais pobres, que não tem como atender. Desperta revoltas. Cutuca o desejo adormecido. Elimina as formas tradicionais de contê-lo.

Vontade ou ideais, e desejos. Uma nova política há de operar com esses termos opostos. Mas sua oposição não é infecunda. Poderíamos chamá-la de *dialética*, que é nome técnico para designar uma oposição que seja altamente fecunda, ou melhor ainda, a idéia de que a fecundidade só pode nascer de oposições, nunca da harmonia. Entre o que antes se chamava ideal e o que antes se chamou desejo, as relações estão mudando. Esbocemos um pouco este quadro.

Os desejos passam para o plural. Não precisamos mais submetê-los à trindade da comida, da bebida e do sexo, como seus objetos. A própria obsessão de nosso tempo com a sexualidade pode ser um sinal de mudança. Tenho sustentado que devemos *dessexualizar* a ética. Isso quer dizer *deixar de lado* a obsessão, que tem a moral convencional, com os comportamentos sexuais. Podem as pessoas parar de se preocupar com o que os outros fazem, ou não fazem. Um mundo mais plural em opções sexuais será, também, um mundo menos obcecado com o sexo. E o mesmo vale para a comida e a bebida. Quem reduzir seus desejos a essa velha trinca em breve estará sem assunto. Provavelmente, a obsessão atual com eles não passa de uma embriaguez final, de uma ressaca.

Desejos podem tornar-se, daqui a um tempo, apenas ideais revestidos de intensa carga afetiva. Os ideais têm sido pensados a partir da renúncia, da entrega de si. Por aí se opuseram fortemente aos desejos, movidos por alguma afirmação de si, por aquilo que vulgarmente se chama *egoísmo*. Mas, se o enfraquecimento dos velhos esquemas repressivos de fato ocorrer, não haverá por que conservar a dicotomia entre desejos egoístas e ideais altruístas, entre desejos como expressão do afeto e uma vontade colorida pela razão, entre desejos como um grito de nosso íntimo e os ideais como repressão aos desejos. Será possível uma política que os agregue, que lhes dê força. E essa política tem a ver com a debilitação das identidades e do sujeito, de que falei no começo. As identidades, tornando-se mais precárias e plurais, levarão a uma vida social e política diferente.

Enquanto o sujeito esteve fundado no seu interesse, a ação que dele se esperava procurava fazê-lo perseverar no seu ser. Mas isso significou mantê-lo numa identidade já existente, ou seja, no passado. Daí que toda vez que sua ação real, a que ele de fato praticava, destoasse desse ser ou identidade (a de patrão, de empregado, de dona de casa), ela fosse condenada. A literatura e o cinema da segunda metade do século XX mostraram inúmeros casos dessas punições, e foram abrindo cada vez maior espaço para a rebeldia. Na primeira metade do século passado, a mulher que contestasse a família tradicional podia até ser lobotomizada. Uma bela casa no centro velho de São Paulo, que veio pertencer à USP pelo jogo das heranças vacantes, foi de uma mulher que, noventa anos atrás, guiava um carro – e foi internada pela família. Na era Brejnev, o soviético descontente com o regime era internado como doente mental. Mas essas dissidências foram crescendo.

Não é apenas que essas coisas tenham acontecido. É que começaram a ser ditas. Faz pouco tempo que a irmã infeliz de John Kennedy, lobotomizada, se tornou mártir. Faz poucos anos que a mártir das motoristas paulistanas se tornou uma heroína cult em São Paulo. Tornou-se impossível refrear as dissidências. Não é mais possível pensar a política sem elas. E é empobrecedor pensá-las segundo o modelo das velhas identidades. Pensá-las assim é o que às vezes debilita a qualidade de movimentos como os feministas, de negros ou gays – quando eles, cuja razão de ser e enorme riqueza está em porem em xeque o esquema convencional, aceitam se cristalizar à imagem daquilo que recusam. Mas basta eles repelirem essa carapaça errada, que eventualmente envergam, para que recuperem sua capacidade de mudar o mundo. Um exemplo: se um movimento de mulheres defender apenas o interesse das mulheres, ele poderá até ter êxito imediato, mas perderá de vista o essencial, que depende de perceber que o assim-chamado feminino não se confunde com suas portadoras prioritárias. Assim como a negritude não vale só para os negros, nem a homossexualidade é exclusiva de quem ama pessoas do mesmo sexo.

Essas janelas abertas para a diferença, eis um traço importante da nova política. Esta será feita de idéias, ideais e desejos. É difícil dizer mais que isso. Precisamos de mais experiências nisso, de ensaio, erro e acerto.

PENSANDO A NOVA POLÍTICA 2 | 201

* * *

Quero terminar com palavras que devo a uma aluna de pós-graduação que tive neste semestre, Ana Teixeira. Ela mandou-me um belo e-mail depois de proclamados os resultados. Nele, fazia um balanço da campanha e concluía com uma citação que, penso, valoriza tudo o que fizemos. Aproveito-a então para encerrar este livro:

"Porque entregar-se a pensar é uma grande emoção, e só se tem coragem de pensar na frente de *outrem* quando a confiança é grande a ponto de não haver constrangimento em usar, se necessário, a palavra *outrem*. Além do mais, exige-se muito de quem nos assiste pensar: que tenha um coração grande, amor, carinho, e a experiência de também se ter dado ao pensar."

Clarice Lispector, *A descoberta do mundo*, p.15.

Título	*A Nova Política: Uma Campanha na SBPC*
Autor	Renato Janine Ribeiro
Design	Ricardo Assis
Assistente de Design	Heloisa Hernandez
Formato	14 x 21 cm
Tipologia	Minion e MetaBook
N. de Páginas	204
Impressão e Acabamento	Lis Gráfica